一體成型！
輪針編織
入門書

金寶謙——著

• Banulstory •

邀請來到簡單時尚的
Top-down 手織服世界

我作為第二代，承接了韓國代表性手作編織作家、我的母親宋英禮創立的公司——「針線故事」。剛接觸編織不久時，我曾經看著衣櫥納悶：「難道沒有作法更簡單的針織毛衣嗎？有沒有適合天天穿的簡約款式？」於是我開始學習、並研究不同以往的毛衣編織技法，也就是「Top-down 編織法」。終於，我做出了自己想穿、也願意付錢購買的設計。之所以會出版這本書，也是想要收集這些至今依然深受大家喜愛的織圖，同時把母親傳授給我的祕訣逐一分享給各位。

為了編織出能長久不退流行、真心喜愛的衣服，本書收錄了多款不同的設計。看似簡單的款式，只要稍微搭配，反而更能夠輕易穿出簡約的時髦感。讓親手完成的編織成品，自然融入我們的日常生活中。

謝謝總是給予建議和幫助的每位「針線故事」職員，也謝謝支持我的 YouTube 頻道，並持續為我加油的每位訂閱者。因為有大家的存在，我才能走到現在這個位置。

這本書要獻給在這條路上已經領先我二十年，努力鋪平前方道路、耐心等待我成長的，我最尊敬的母親。同時，也要向各位讀者傳達感謝之意，謝謝大家一路以來的鼓勵，希望在未來的二十年，也能持續與大家同行。

金寶謙

CONTENTS

PART 1

認識 Top-down 毛衣

PART 2

輪針編織基本技巧

PART 3

了解織片密度

PART 4

Top-down 手織服 & 織圖

如何使用這本書

1

利用 **PART2** 充分熟悉輪針編織的基本技巧。

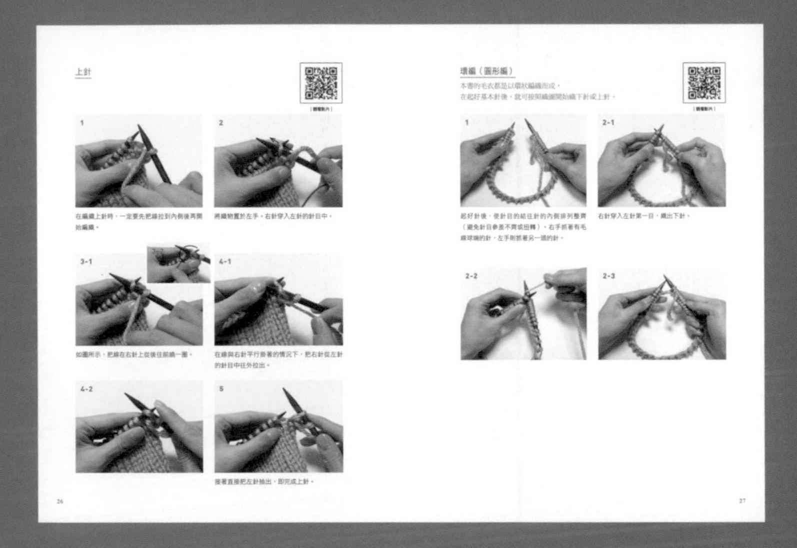

上針

1 在編織上針時，一定要先把線拉到內側後再開始編織。

2 將織物置於左手，右針穿入左針的針目中。

3-1 如圖所示，把線在右針上從後往前繞一圈。

4-1 在線與右針平行掛著的情況下，把右針從左針的針目中往外拉出。

4-2

5 接著直接把左針抽出，即完成上針。

26

環編（圓形編）

本書的毛衣都是以環狀編織而成，在起好基本針後，就可按照織圖開始織下針或上針。

1 起好針後，使針目的結往針的內側排列整齊（避免針目參差不齊或扭轉），右手抓著有毛線球端的針，左手則抓著另一頭的針。

2-1 右針穿入左針第一目，織出下針。

2-2

2-3

27

2

從 **PART4** 挑選想要編織的衣服款式。

質感方塊紋育克毛衣

Square Pattern Yoke Sweater

Info

尺寸 12~18 個月大孩童的尺寸

胸圍 52cm

衣長 26cm

織片密度 10cm×10cm，3.5mm 輪針，上下針紋，織片密度 28 針 33 段

針 3.5mm 可換頭輪針、40cm 連結繩、60cm 連結繩

線材 Phil Soft+，108906 粉末藍（Powder blue），25g，4 球

92

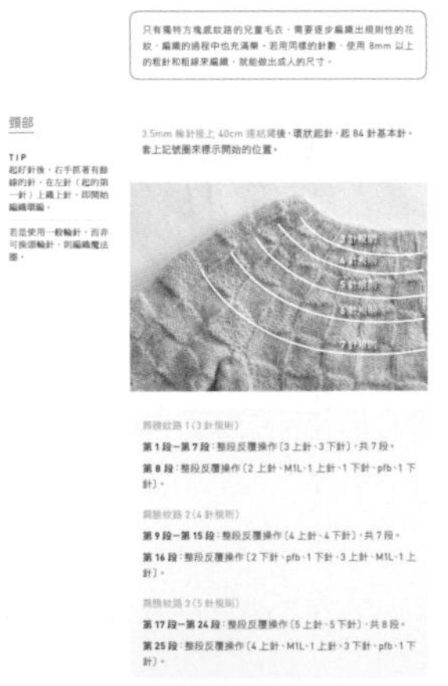

只有獨特方塊感紋路的兒童毛衣，需要逐步編織出規則性的花紋，編織的過程中也充滿樂趣。若用同樣的針數，使用 8mm 以上的粗針和粗線來編織，就能做出成人的尺寸。

頸部

TIP

起好針後，右手抓著有餘線的針，在左針（起的第一針）上織上針，即開始編織環編。

若是使用一般輪針，而非可換頭輪針，則編織魔法圈。

3.5mm 輪針接上 40cm 連結繩後，環狀起針，起 84 針基本針。套上記號圈來標示開始的位置。

第 1 段~第 7 段：整段反覆操作（3 上針、3 下針），共 7 段。

第 8 段：整段反覆操作（2 上針、M1L、1 上針、1 下針、pfb、1 下針）。

第 9 段~第 15 段：整段反覆操作（4 上針、4 下針），共 7 段。

第 16 段：整段反覆操作（2 下針、pfb、1 下針、3 上針、M1L、1 上針）。

第 17 段~第 24 段：整段反覆操作（5 上針、5 下針），共 8 段。

第 25 段：整段反覆操作（4 上針、M1L、1 上針、3 下針、pfb、1 下針）。

93

3

書中的作品是依照難易度排序，請依據自己的程度來挑選織圖。

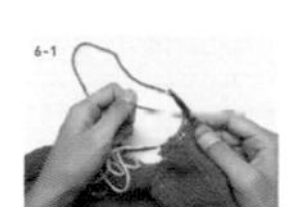

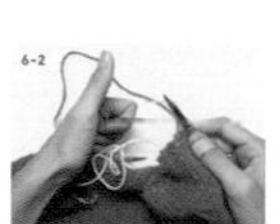

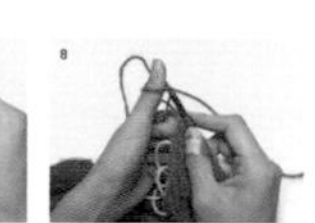

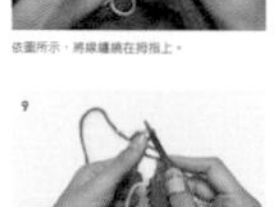

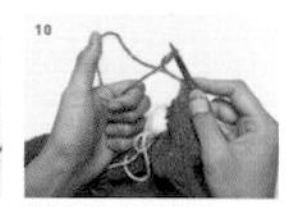

4

若在閱讀織圖時遇到不懂的技巧，請參考前面章節的基本技巧，逐步完成喜歡的作品。

為什麼沒有完整影片呢？

在我的 YouTube 頻道影片下方有各式各樣不同的留言。

「講解得非常仔細又不會太快，好喜歡！」

「謝謝您超詳細的講解，連我這種初學者都跟得上！」

「希望能剪掉不必要的重複步驟。」

「太慢了，好鬱悶喔！」

大家都是觀看同樣的影片，但回饋的評價卻不一致，所以我陷入了「要怎麼做才能滿足所有人？」的苦惱。若影片拍得更仔細，就一定會有人覺得繁瑣沉悶；但是拍得很精簡，又有人覺得太快不好懂。這種兩難的狀況無可避免。

2020 年，很多人覺得編織透過影片授課才講得清楚，但是我並不認為用影片的方式來推廣「Top-down 編織法」是最佳方式。以動態形式、在影片中放入所有的步驟，其實無法配合所有人的速度。看影片來學習，要一眼看懂所有過程也是很困難的，一次就選到想看的片段也不容易，已過的片段只能倒回去、反覆播放。

假如是看著織圖來編織，剛開始可能會因為滿滿的字而感到害怕，但這樣的方式完全能由自己控制速度，也能隨時進行調整。當遇到困難的部分時，可以閱讀靜止不動的文字直到完全理解為止。織圖已經為各位停留住所有需要的時刻了。

僅僅二十年前，當時普遍認為「編織」就等於「織毛衣」，是很基礎的技巧。而現在認為的毛衣，反而是只有擅長編織的人才會挑戰的領域。以前雖然沒有教學影片，但光靠閱讀由許多編織研究家們製作出來的織圖也能做出衣服。若仔細觀察以前設計師製作的織圖，會發現以前的設計繁瑣複雜，有許多精緻紋樣，跟現在的層次差很多。但過去並沒有教學影片可以看，衣服上甚至有各種麻花或華麗紋樣，卻能照著作品一模一樣地做出來。明明昔日比現今還要更難接觸編織毛衣。

雖然織圖比以前簡單易讀，但想必很多人會因為沒有教學影片而猶豫該不該挑戰。現今科技發達，人們可以不同管道輕鬆學習編織，但為什麼跟過去相比，編織的平均實力卻沒有進步呢？我認為主要的原因就是「害怕」。大部分人都會認為：「我要是沒有影片可以看就沒辦法開始。」

我想對所有閱讀這本書的人說，請不要害怕開始。還有，請不要害怕失敗。編織的魅力就在於所有失敗的經驗都會促使成長，能從失敗中學習。「開始」對任何人而言都不容易。不過，只要先消除恐懼，踏出第一步，想必就會覺得「比想像中簡單耶？」、「還好嘛！之前到底為什麼那麼煩惱呢？」。我自己也是這麼走過來的。現在，就開始和我一起按部就班地透過織圖來完成喜歡的毛衣吧！

輪針編織的工具＆線材

必備工具

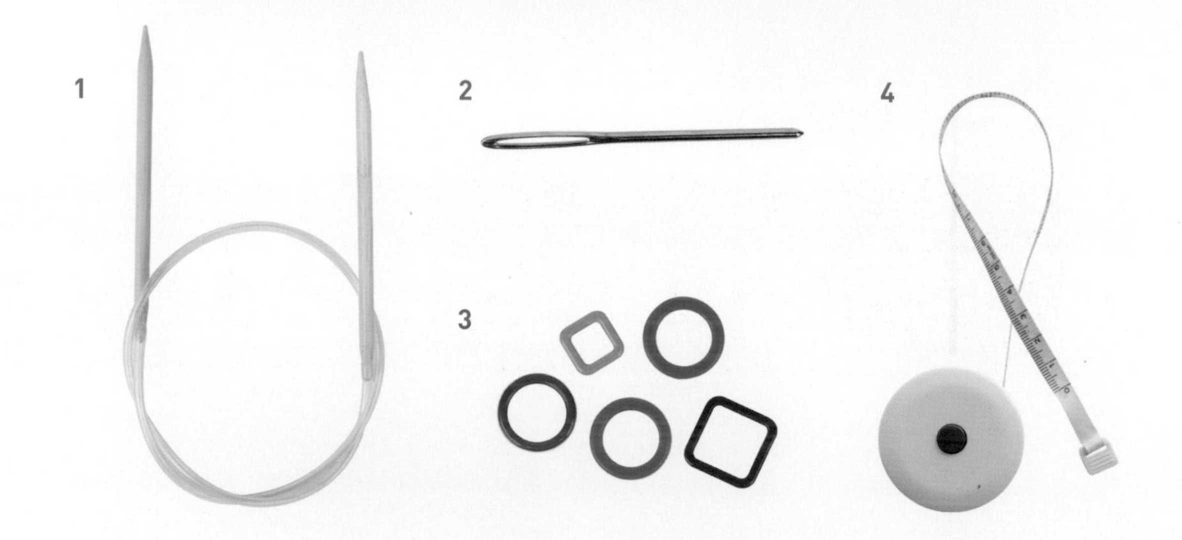

1 輪針

請一定要準備輪針，用棒針沒辦法使用一體成型的 Top-down 編織方式。基本上以 80cm 的輪針為主，而在織脖圍、袖圍這種較窄的區域時，則使用 40cm 的輪針。但還是需要依照實際情況來調整，所以沒有一定用哪種粗細的針，請依據欲編織的作品與使用的毛線來選擇。

2 毛線針

幫衣服收縫時的必備工具。等衣服織好之後，會用毛線針整理剩餘的線，以及縮緊腋窩處的洞口。

3 記號圈

用來區分針目的必備工具。因為 Top-down 編織法會一口氣由上從下織出身體各部位和袖子，所以必須在各個部位上清楚做出區別。除了市售的記號圈之外，也可以將不同顏色的線綁成圓形當記號圈，或是用耳環等其他環狀物品。

4 捲尺

編織過程中若需要調整長度，就會以捲尺來測量尺寸。此外，在織圖中常以 cm 代替段數來標示需要編織的長度，所以必須在編織時以捲尺做確認。

進階工具

1

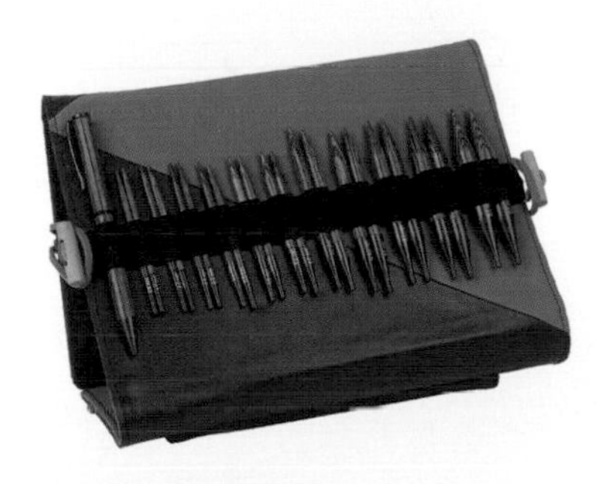

2

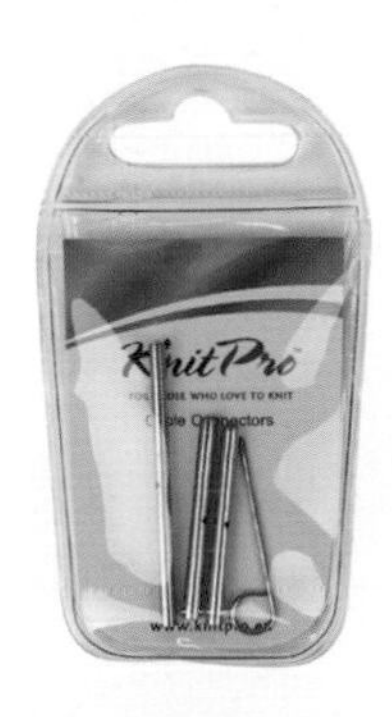

3

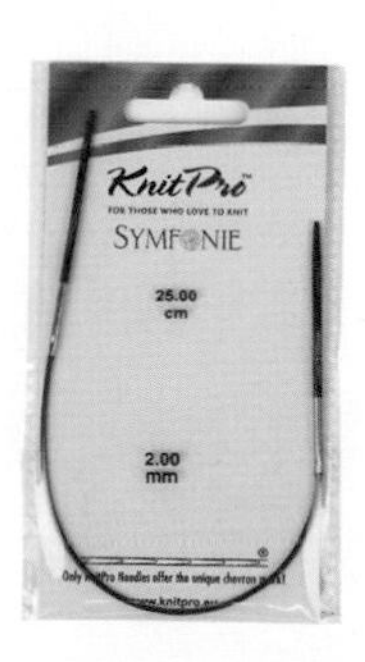

1 可換頭輪針組

可換頭輪針能夠自由組裝和拆卸不同尺寸的針、線。在織領口、袖口時使用短連結繩，織身體等大面積處時只要替換成長連結繩即可，不用一直換針，也比購買各種不同長度的固定式輪針來得更經濟實惠。

中斷編織時，只要拆下連結繩上的針，套入固定器中，就不用擔心脫落。分袖時也能把針目移至連結繩上。較長的可換頭輪針，即便裝上短連結繩來織窄領口、窄袖也會容易卡手，所以推薦購買長度偏短的 Knitpro Ginger 系列套組。

2 連結繩專用連接器

用來連接兩條連結繩的工具。當連結繩的長度不足時，可利用連接器接上另一條連結繩來增加長度。以一體成型的 Top-down 編織法編織的過程中，只要用連接器增加長度，就可以輕鬆試穿。

3 短輪針

針長約為 4cm 的短針。在編織特別窄小、使用一般短針不易操作的部分時，只要改用短輪針就會輕鬆許多。不過，短輪針用久容易造成手部負擔，所以不妨先買便宜的短針，或是將長針削短來試用，測試自己的手是否適合短針。

線材的準備

選擇何種線材比較好？

首先，依季節來看，冬天常用如羊毛（Wool）、駝毛（Alpaca）、羊絨（Cashmere，喀什米爾羊毛）等保溫性高的動物纖維。夏天則主要使用棉（Cotton）、亞麻（Linen）等較通風、無雜毛的原料。天然纖維的比重越高，價格也越高，成品的品質也越好。

推薦 天然纖維含量高、適合秋冬的線材

ZARA、Zara Plus、Baby Alpaca、Phil Air Perou、Phil Nuage、Phil Soft、Phil Merinos 6、Cuzco、 Solo Cashmere、Penguin、Natural Alpaca、High Class、ZARINA

推薦 天然纖維含量高、適合春夏的線材

Phil Coton 2、Phil Coton 3、Phil Rustique、Phil Degrade、Phil EcoCotton、Eden

腈綸、滌綸屬於合成纖維，普遍認為其價格便宜、品質差。但其實根據加工技術，等級會有相當大的差異。舉 phil caresse 線材為例，成分中有 51%為腈綸、49%為滌綸，若有優秀的加工技術，也同樣能做出羊絨的觸感。

腈綸纖維的優點為方便整理、重量輕，缺點為容易產生靜電、起毛球，但價格比天然纖維便宜。若選擇價格適中的腈綸混紡來織衣服，也能做出不輸天然纖維且完成度高的衣服。但最好避開過於便宜的腈綸纖維，因為加工不良的紗線更容易起毛球，顏色也不好看。

推薦 腈綸．滌綸混紡、適合秋冬的紗線

Fashion Aran、Majestic、Phil Light、Phil Gardening、phil caresse、Baby Solid、Partner6

推薦 腈綸．滌綸混紡、適合春夏的紗線

Casaria、Rapunzel、Cotton Top

有其他更適合 Top-down 編織的線材？

一般編織毛衣是先分部位織好，最後才把全部接起來，這種毛衣會有摺邊，使肩膀或腰的部位有支撐的力量。而 Top-down 毛衣因為是以整個筒狀由上往下織成的，所以基本上肩膀或腰的部位不會有這種支撐作用，除非加用其他技巧。而且經常穿的毛衣容易變鬆下垂。所以編織 Top-down 毛衣應選擇較輕的紗線。

選擇輕紗線的方法就是選比重小的紗線。在線上購買紗線時，沒辦法衡量紗線的體積，但若仔細看加工法，就可以大略預估是否為重量輕、體積大的紗線。由能夠形成拉絨的紗線、毛海（Mohair，安哥拉山羊毛）或是聚醯胺（俗稱尼龍）製成特殊紗線之纖維，比重均較小，表示其重量也相對較輕。

能形成拉絨的輕紗線

Cuzco、Phil Gardening、Penguin、Phil Light、Roby KidMohair

聚醯胺纖維紗線

Phil Nuage、Phil Soft、Phil Air Perou、Frimas

線材和針，該以哪個為優先考量？

當然是挑好的線材！織一件毛衣平均都要花十天以上的時間，編織所耗費的時間是無法重來的，所以最好是使用品質好的線材，才能織出不會後悔的成品。很多人常常用便宜的線材編織好一件衣服、成品，卻因為材質的問題而感到不滿、失望。編織付出的心血無法挽回，織出一件滿意的毛衣卻可以穿一輩子。

反過來說，就算是拿價值台幣十幾元的一根針，也足以織出一件衣服，只是過程會比較辛苦而已。這個差異就好像是同樣都去爬山，一個是穿上普通登山鞋去爬阿爾卑斯山，另一個則是穿上專業登山鞋去爬社區後山。如果想更輕鬆地編織，當然也推薦使用好的針。但並沒有說便宜的針就織不了毛衣。若是非得二選一，我的建議是先投資好的線材。

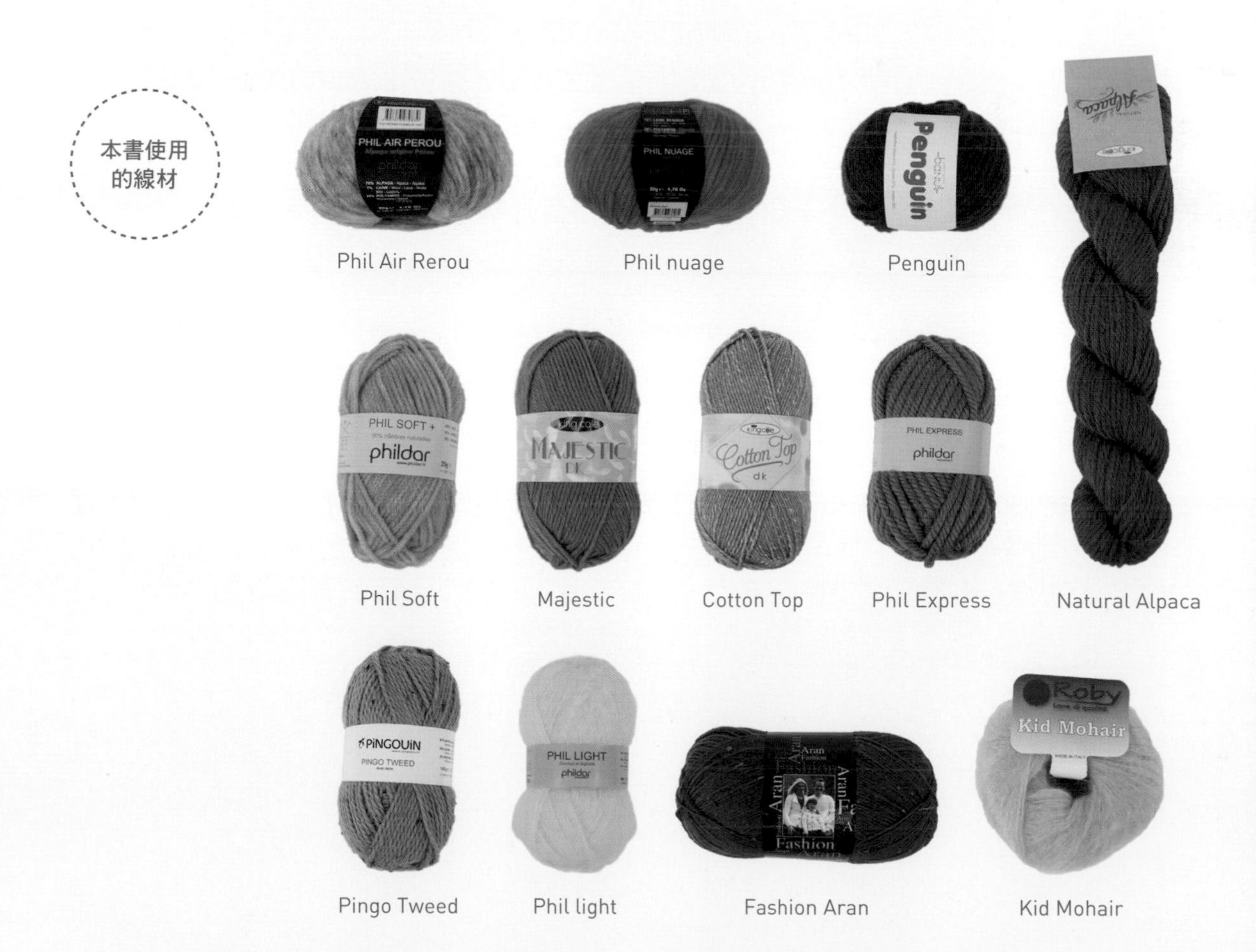

Phil Air Rerou　Phil nuage　Penguin

Phil Soft　Majestic　Cotton Top　Phil Express　Natural Alpaca

Pingo Tweed　Phil light　Fashion Aran　Kid Mohair

TOP-DOWN KNIT

PART1

認識 Top-down 毛衣

什麼是 Top-down 毛衣？

「Top-down 毛衣」是指從頸部開始往下編織、一體成型的毛衣。利用針目來分部位、做袖子，要織新的部位時改用挑針的方式來銜接。這種編織方式不需要分開織再縫合，減少了一大半繁瑣步驟，是國外蔚為風行的織毛衣法，製作快速且容易操作，非常適合新手挑戰。

由於在構圖上是以立體的方式進行，編織起來會比較容易。如果想要織出剛好、合身的版型，可以加入更難的技法，在衣服上做出更多樣的變化。

編織「Top-down 毛衣」時通常可依「肩膀→分袖→身體→袖子」的順序來操作。肩線的形狀會左右衣服的形狀，也就是說，什麼樣的肩線就會決定整件衣服的設計。編織時，可以運用 V 領或圓領、配色、紋樣等各式各樣方法來變化衣服。

利用 Top-down 編織法，不僅能編織毛衣，也能編織開襟衫。只要好好理解 Top-down 編織法的基礎概念，就能自己設計織圖，也能直接應用既有的織圖來延伸變化。

三種 Top-down 毛衣款式

「Top-down 毛衣」有各式各樣的模樣，這裡要帶大家認識本書中使用，同時也是最具代表性的三種款式。

拉格倫毛衣（Raglan style）

這種風格常見於俗稱「插肩袖」的衣服中，肩膀處的紋路會呈斜線狀。「拉格倫線」是指從脖領到腋窩有一條明顯的分隔斜直線。只要沿著這條拉格倫線來編織，即可做出整件衣服，規則相當簡單，對於新手來說也容易上手。這種風格在「Top-down 毛衣」織圖中也是最常見的。

圓育克毛衣（Circular Yoke style）

從肩膀部位以圓形開始編織而做出衣服的方法。特徵在於肩膀部分會形成圓弧的曲線，而非直線，可凸顯出身體曲線。只有某些區段需要照著規律來織，對新手來說也算是容易上手的織法。

鞍形肩毛衣（Saddle Shoulder style）

其特徵是有著像馬鞍（Saddle）形狀的肩膀線條。有條凸顯肩膀部位的分隔線，常見於男性衣服的設計中。編織時會先用加針技法做出明顯的肩線，再接續編織。鞍形的部分，一種是先分開織再併縫，另一種則是做出鞍形後直接織出整件衣服。

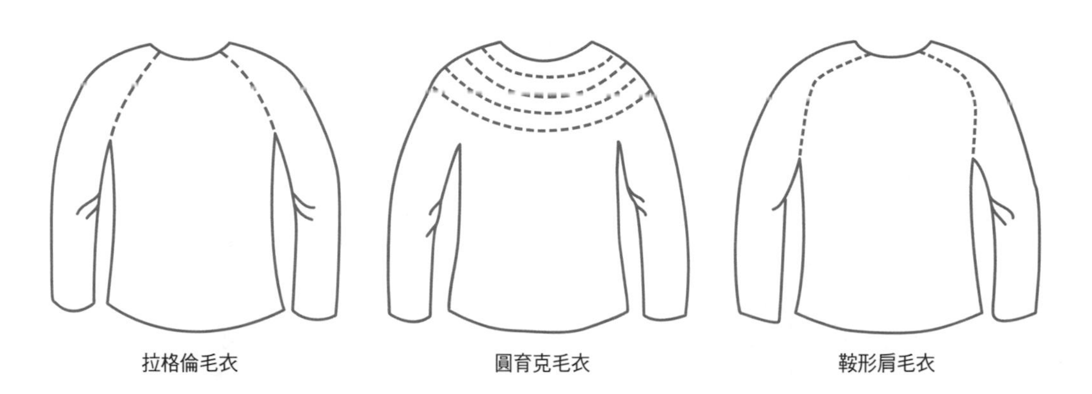

拉格倫毛衣　　圓育克毛衣　　鞍形肩毛衣

編織衣服的基本流程

◆ 拉格倫毛衣 ◆

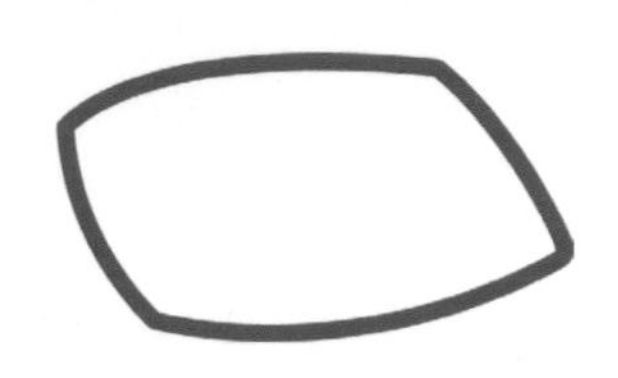

1 環狀起針。（根據織圖設計的不同，也可能會從平編開始編織，再接成環編。）

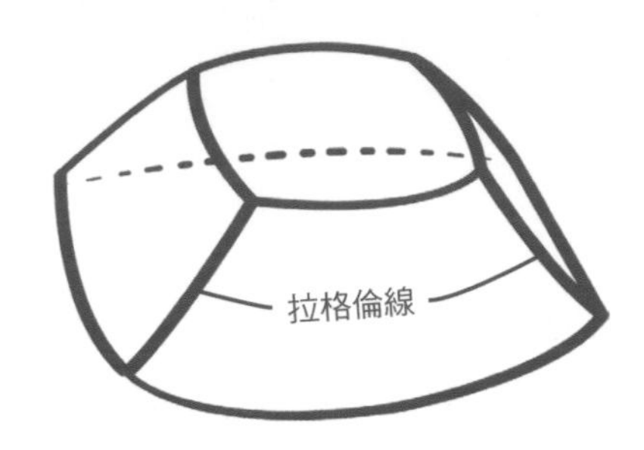

2 袖子和身體共分四個區域，只在拉格倫線的地方加針。

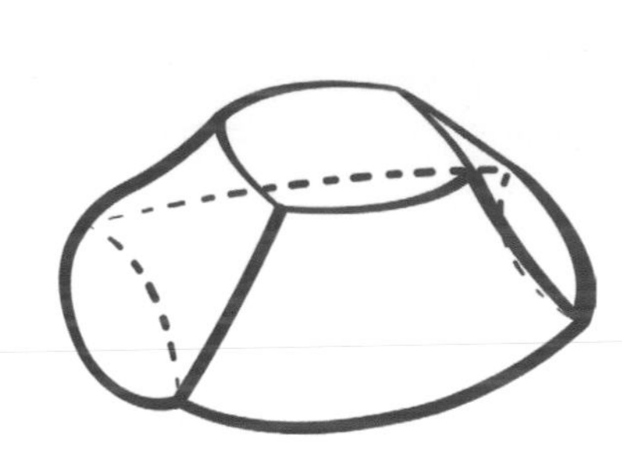

3 分袖後暫休針。

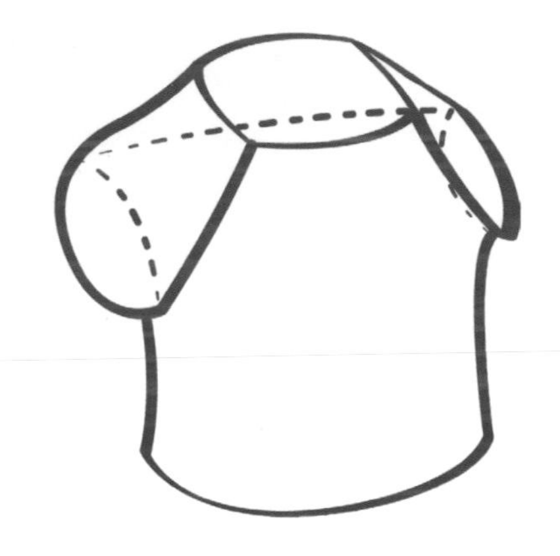

4 編織身體部位。

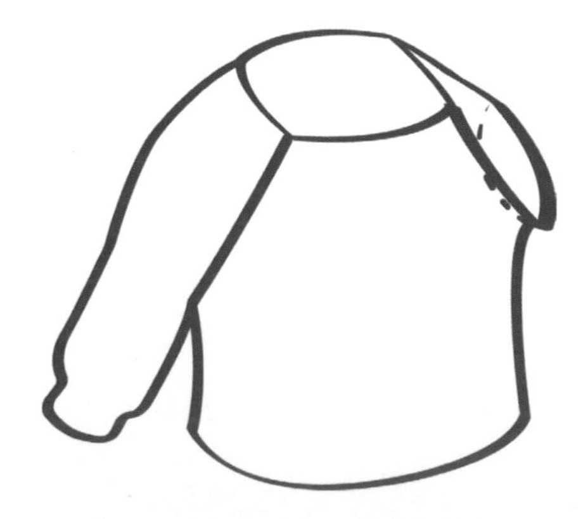

5 回到袖襱，挑針後織出整條袖子。

6 完成。

◆圓育克毛衣◆

1 以環狀起針作為起頭。

2 分配好針目後，加針做出肩膀的形狀。

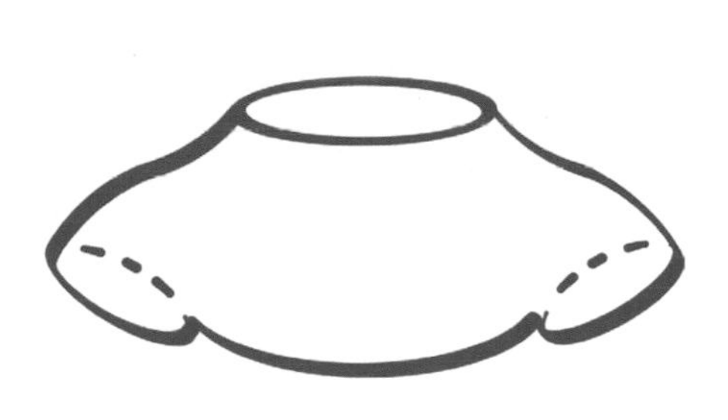

3 分袖後暫休針。

4 編織身體部位。

5 回到袖襱，挑針後織出整條袖子。

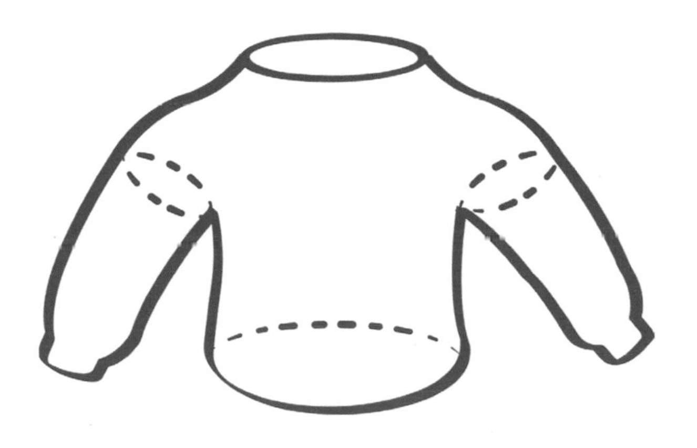

6 完成。

◆ 鞍形肩毛衣 ◆

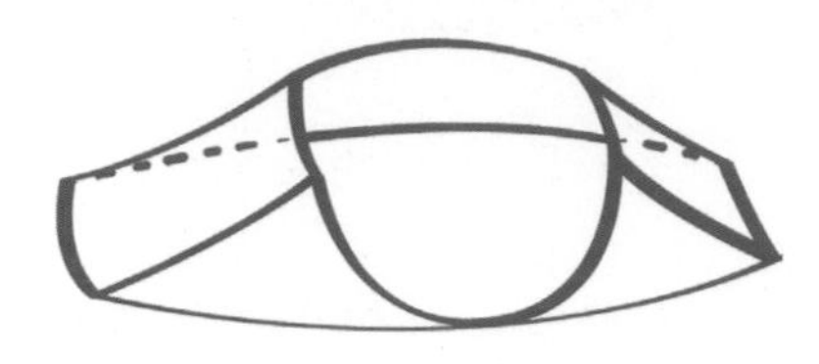

1 分配好衣服前後片和鞍形肩位置後，利用加針做出肩膀的形狀。

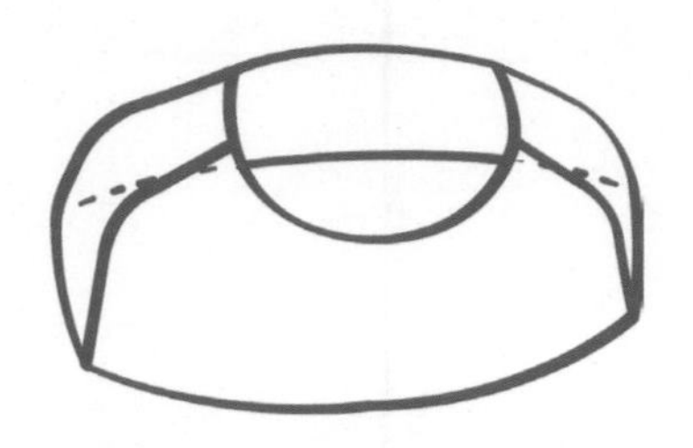

2 肩膀形狀都織出來後，只在袖襱加針。

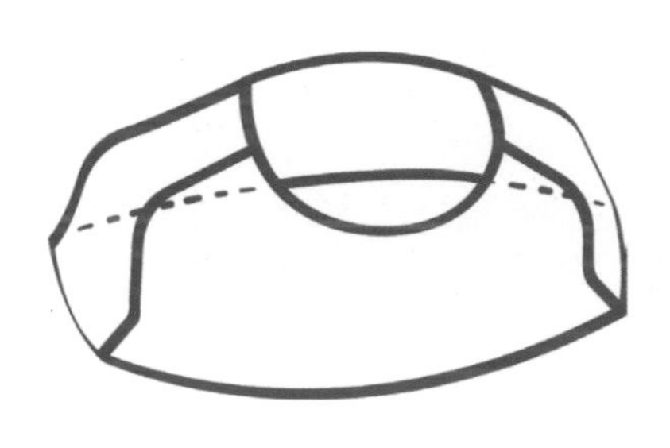

3 在進行分袖之前，袖襱和身體都用同樣的規則繼續加針。

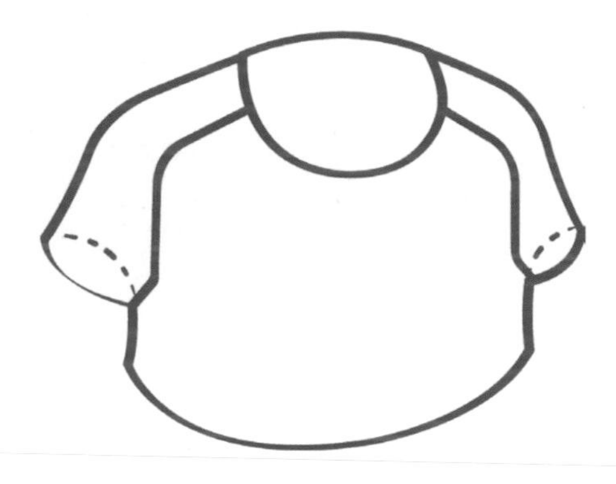

4 分袖後暫休針，編織身體部位。

5 回到袖襱，挑針後織出整條袖子。

6 完成。

PART2

輪針編織基本技巧

讀取 QR Code 的方法

| 觀看影片 |

■打開手機內建相機→掃描 QR Code 後就會出現網址連結。

■手機內建相機若無法掃描→開啟 Line App →點擊搜尋中的行動條碼圖式→掃描 QR Code 後就會出現網址連結。

編織用語補充說明

滑針：把針穿入針目中，不要編織，讓此針目直接移到針上即可。

鬆緊針：由不同針數的上針、下針組合而成。書中若寫織一段「單鬆緊針」，即反覆織「1 下針、1 上針」。

起針

起針就是指開始編織的第一針。
在編織毛衣時，首先會按照織圖針數，完成基本起針。

｜觀看影片｜

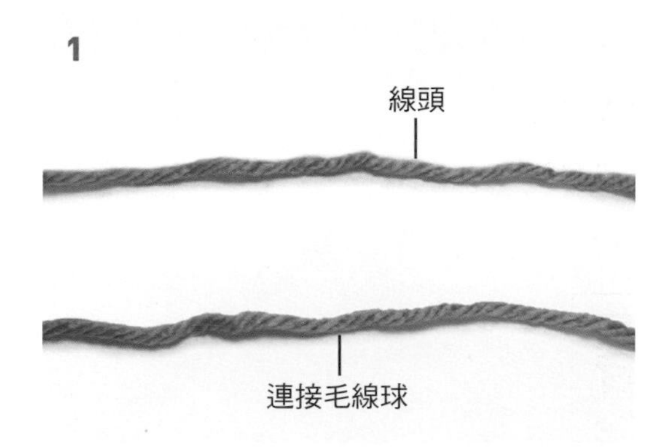

將毛線攤於平面，線頭端在上、連著毛線球那端朝下，讓毛線呈上短（約 30cm）下長。

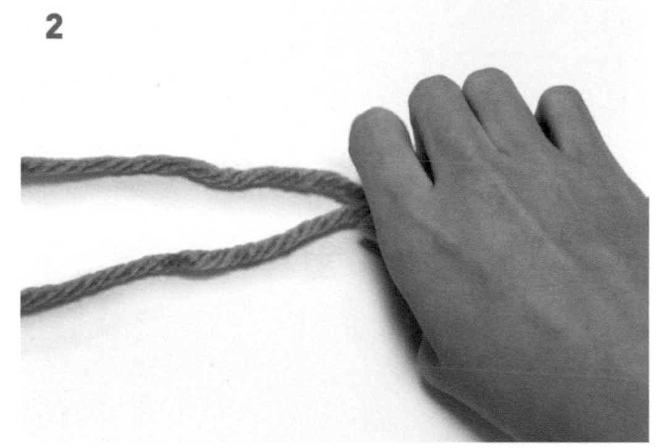

右手抓住兩條線。

左手拇指和食指撐開兩條線。

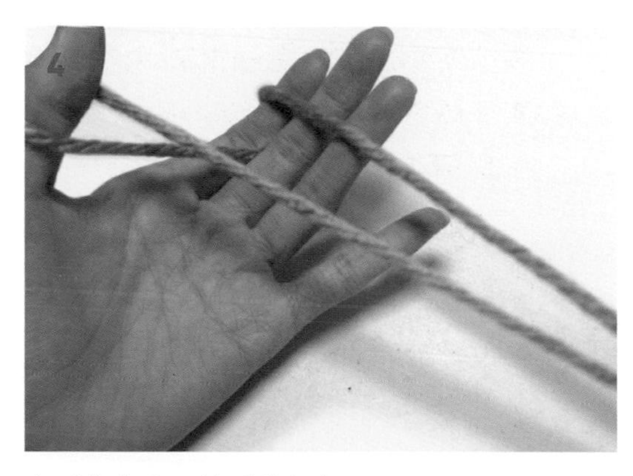

左手往上翻，使手掌朝上。

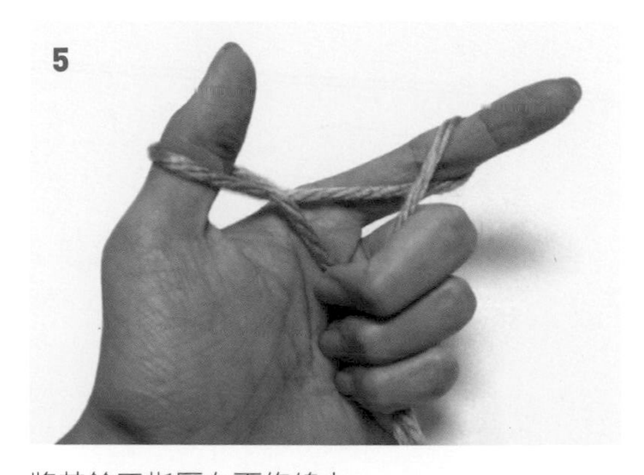

將其餘三指壓在兩條線上。

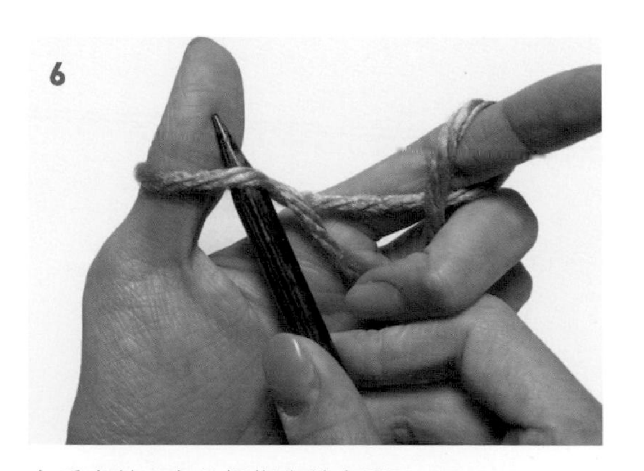

右手拿針，穿入拇指和線之間。

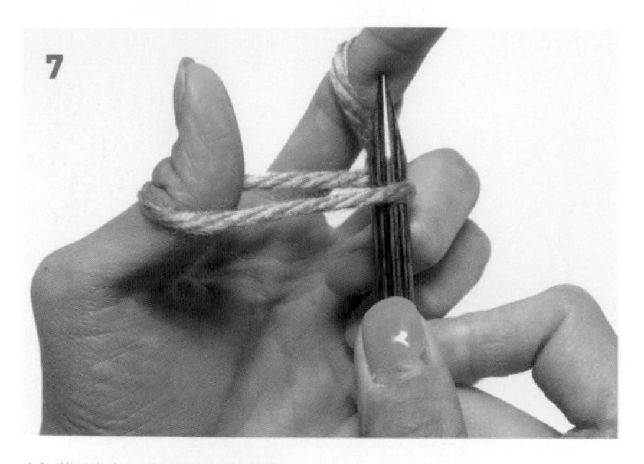

針帶線拉到食指位置。

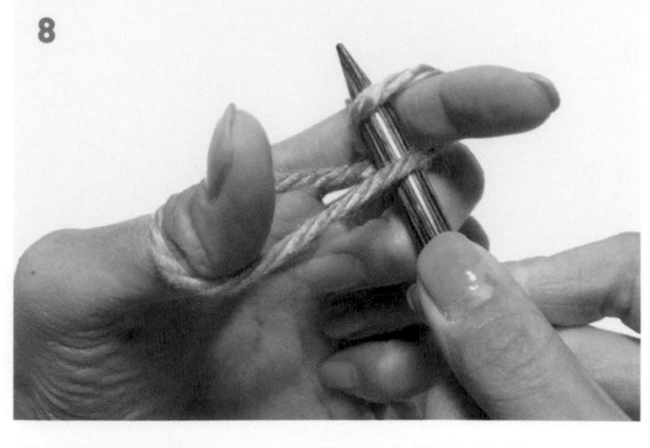

把針頭從上往下、穿過掛在食指上的線。

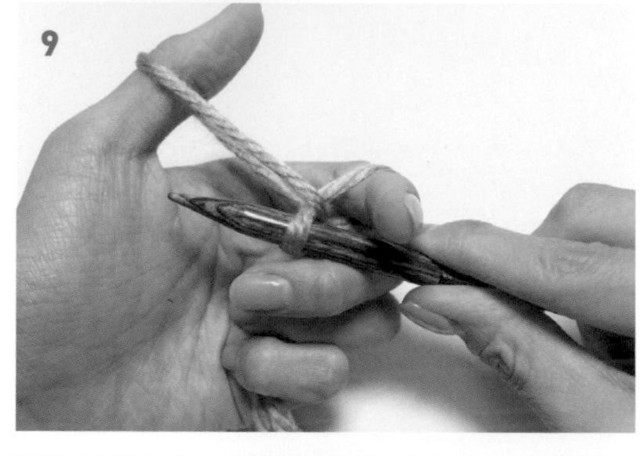

再把針從內往外繞過拇指前側的線，把針拉往大拇指前方的位置。

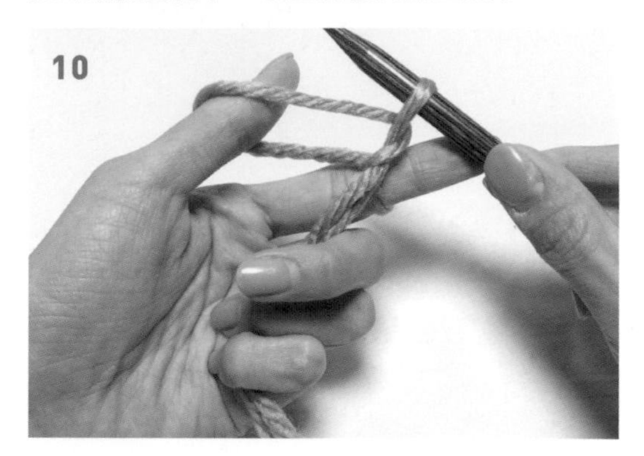

針往上抬起。

一邊向上拉針，一邊抽出左手的拇指和食指。

拇指和食指撐開下方的兩條線，讓結往針靠近，收緊針目。

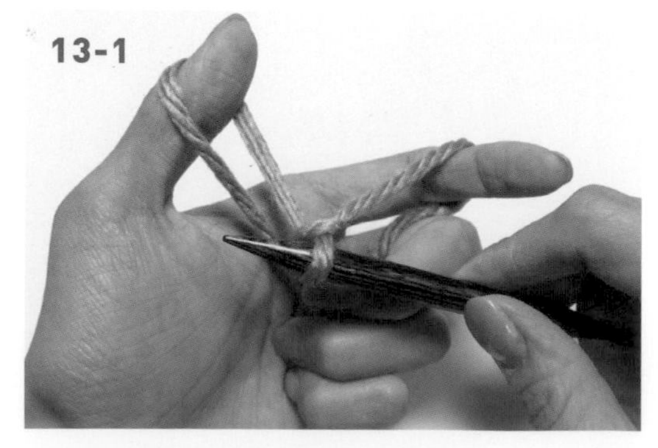

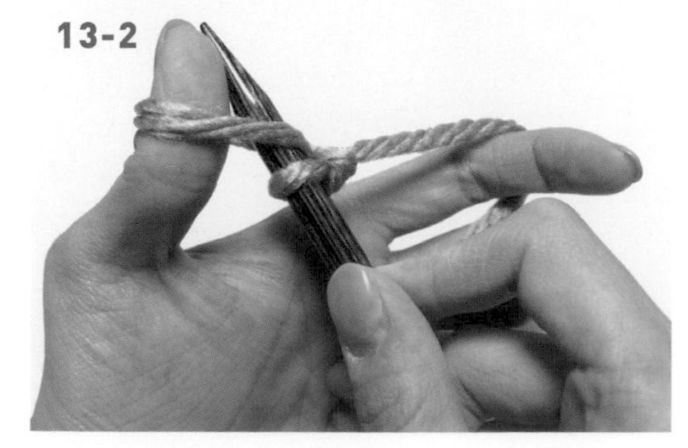

在左手拇指和食指撐開兩條線的情況下，將左手往上翻，把針拉回手掌的位置，重複步驟 6 ～ 12 ，直到完成所需針目。

下針

「下針」和「上針」是最基本的編織針法，
請務必熟練這兩種技法。

| 觀看影片 |

1

將織物置於左手、針目朝內側。右針從左針背面，穿入左針上的針目。

2-1

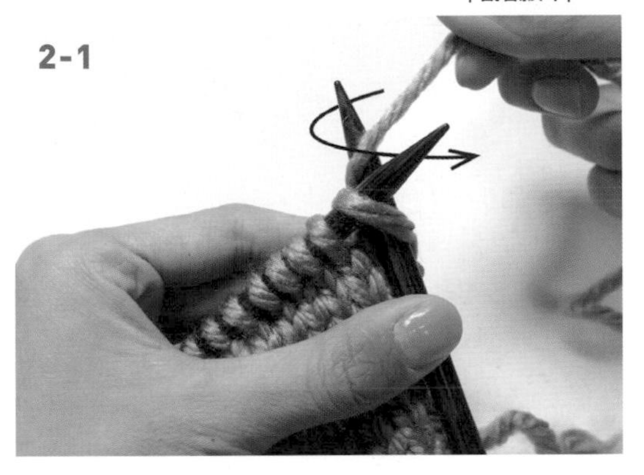

右手拉毛線球端的線，由後往前繞過右針，把線拉到兩針之間。

2-2

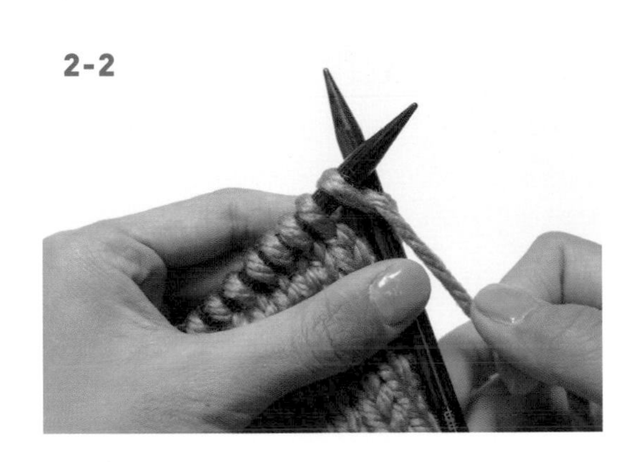

3-1

在線與右針平行掛著的情況下，把右針從左針的針目中往下拉出，拉出的同時勾住中間那條線轉上來。

3-2

形成右針在上、左針在下的交叉狀態。

4

接著直接把右針往上抬，將針目帶離左針，即完成下針。

上針

｜觀看影片｜

在編織上針時，一定要先把線拉到內側後再開始編織。

將織物置於左手。右針穿入左針的針目中。

如圖所示，把線在右針上從後往前繞一圈。

在線與右針平行掛著的情況下，把右針從左針的針目中往外拉出。

接著直接把左針抽出，即完成上針。

環編（圓形編）

本書的毛衣都是以環狀編織而成，
在起好基本針後，就可按照織圖開始織下針或上針。

| 觀看影片 |

1

起好針後，使針目的結往針的內側排列整齊（避免針目參差不齊或扭轉）。右手抓著有毛線球端的針，左手則抓著另一頭的針。

2-1

右針穿入左針第一目，織出下針。

2-2

2-3

魔法圈（Magic Loop）

當我們使用一般輪針，而非可換頭輪針時，因長針與連結繩的長度大於編織出的針目總長時，就必須使用魔法圈技巧，才能進行環狀編織。

或是編織袖口等針數少的部位時，因為較狹窄，為了方便操作，通常會改用短輪針或雙頭棒針，這時也可以用長輪針搭配魔法圈技法。就算只要織六個針目，用魔法圈也能順利編織。因此，魔法圈雖然是難度較高的技巧，但熟練之後，只要加以運用，編織各種毛衣時就會更順手。

作法（請參考影片 3:24～9:34）：

1 起針後，針目會集中在其中一支針（A）的那一側，另一側的針（B）上沒有針目。

2 大約從整排針目中間的位置，輕輕地拉出連結繩，然後將原本在連結繩上的針目順著套到沒有針目的另一支針（B）上。

3 整理兩支針上的針目，讓針目的結朝向內側面對面。

4 把兩支針平行緊密排放在一起，有毛線的那一支針（A）放在下面。然後一手握住兩支針的後端，另一手輕輕地把有毛線的那一支針筆直拉出來，形成空針（原本套在針上的針目會移到連結繩上）。

5 用空針開始編織另一支針上（B）的那一排針目。記得針上的針目與連結繩上的針目要盡量緊貼在一起。

6 織完一整排後，再把連結繩上的針目全部移到沒有針目的針（B）上，一樣整理好所有針目，把兩支針平行放置。這時會形成與步驟 4 相同的樣子。

7 按照步驟 4-6 的方法，持續編織下去即可。

| 觀看影片 |

套、翻記號圈

用來幫助計算針數的記號。通常會套在起始針目上，這樣一來，當織到「記號圈」時就知道已完成一段。

| 觀看影片 |

1 套計號圈

像圖示一樣，把圓形記號圈直接套到針上即可。若沒有記號圈，可以用短線綁成圓來使用。

1-2

1-3

2 翻記號圈

當織到標記處時，將記號圈換到右針上，就可以讓記號圈停留在固定位置，繼續往下編織。

2-2

2-3

收針

編織完成時，為避免針移除後針目鬆脫，會使用「收縫法」收尾。
收針的方式有很多種，以下介紹最常見的「套收針」，
請依照上一段的針目，編織上針後收針，或是編織下針後收針。

| 觀看影片 |

收針時，要先在右針上織 2 針。

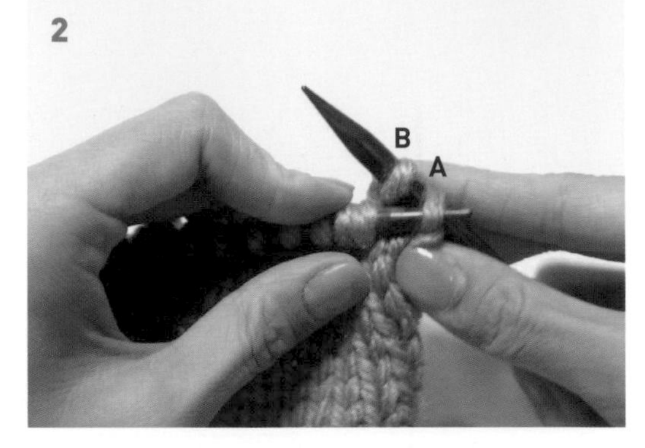

接下來要將右邊的針目（A）套過左邊的針目（B）。先把左針穿入右針第一個針目中。

左手食指抵著右針針頭，拇指輕壓針目往上推出後朝後翻，往下推回原位。

抽出左針，這時右針上還剩一個針目。

完成步驟 4 後，再多織 1 針，讓右針上有 2 個針目。

重複步驟 2～4 的操作。

M1L

編織時若需要增加針上的針目，就會運用到「加針法」。
M1 加針法，是利用兩個針目之間的橫線，拉出後增加一個新針目，因方向不同，又可分為 M1L 和 M1R。

| 觀看影片 |

1

確認 2 個針目間是否有一條橫線。

2

將左針針頭由前挑起那條橫線，依圖所示在左針上掛線。

3

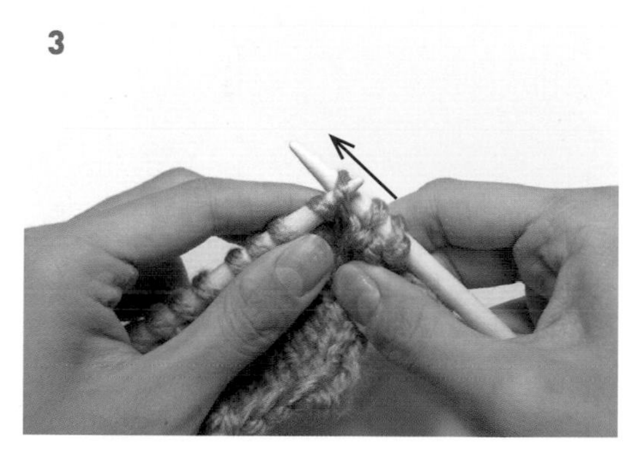

右針由後穿入左針上的掛線。

4-1

接著織出下針（下針作法請見第 25 頁）。

4-2

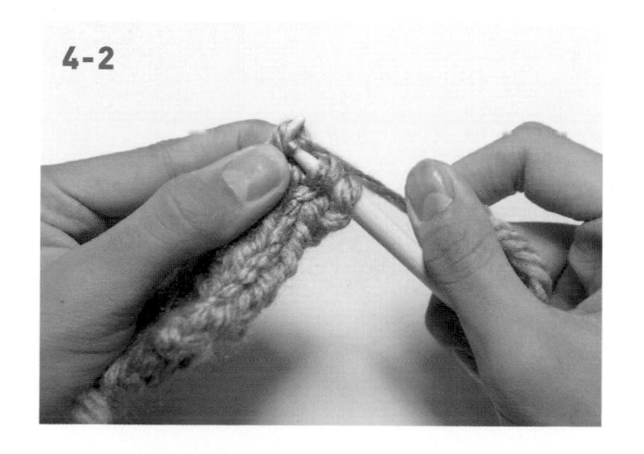

5

完成。

M1R

｜觀看影片｜

確認 2 個針目間是否有一條橫線。

將左針針頭由後挑起那條橫線，依圖所示在左針上掛線。

右針由前穿入左針上的掛線。

形成左針在上、右針在下的交叉狀態。

接著織出下針（下針作法請參考第 25 頁）。

完成。

kfb

kfb 是「下針的加針」，
會在同一個針目上織下針與扭針，共做出兩針。

| 觀看影片 |

1-1

先織下針（下針作法請見第 25 頁），不要將左針抽出，讓線留在針上。

1-2

2

右針稍微拉起。

3

如圖所示，右針由後穿入左針。

4

織出下針。

5

完成。

pfb

Pfb 則是「上針的加針」，
會在同一個針目上織上針與紐針，共做出兩針。

| 觀看影片 |

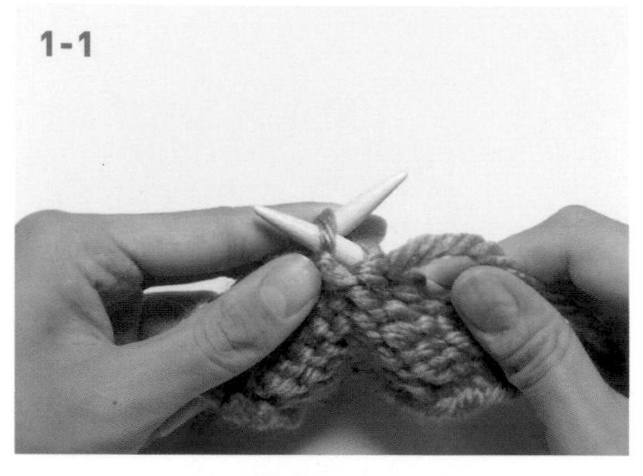

先織上針（上針作法請見第 26 頁），不要將左針抽出，讓線留在針上。

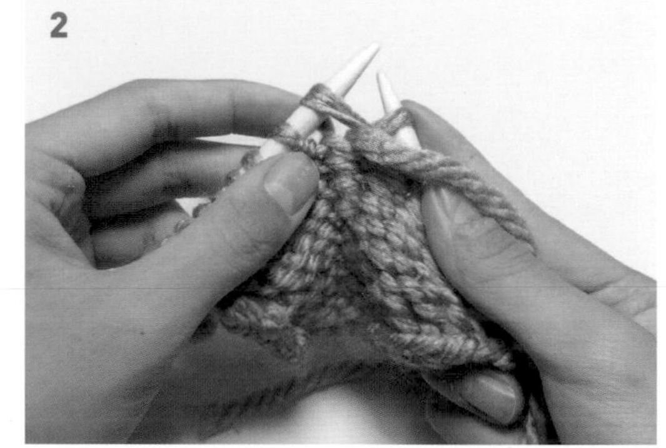

左右兩針稍微拉開距離，確認左針後方掛線的位置。

如圖所示，用右針由後往前穿入那條掛線。

接著織出上針即完成。

M1L（上針）

| 觀看影片 |

1

用左針由後穿入 2 個針目間的橫線。

2

如圖所示，用右針穿入掛在左針前面的線。

3-1

3-2

織出上針（上針作法請見第 26 頁）。

3-3

M1R（上針）

｜觀看影片｜

用左針由前穿入 2 個針目間的橫線。

如圖所示，用右針穿入掛在左針後面的線。針頭要從原本前面那條線的上方穿出來。

織出上針（上針作法請參考第 26 頁）。

K2tog

K2tog 是一種「減針法」，一次織 2 目下針。
作法與編織下針相同，只要改成一次穿入 2 個針目編織即可。

| 觀看影片 |

1

準備編織下針（下針作法請見第 25 頁），在這裡要一次穿入 2 個針目。

2

右針從左針下方穿入。

3

穿過去的樣子。

4

線由後往前繞過右針，把線拉到兩針之間。

5

線與右針平行，右針從左針的針目中往下拉出，並勾住中間的線往上轉。

6

把右針往上抬，將針目帶離左針即完成。

捲加針

捲加針常用在織片的邊緣，只要用手把線捲在針上即可。
在編織 Top-down 毛衣的分袖步驟時都會使用到此技法。

如圖所示，一手抓著右針，一手抓著毛線。

依圖示用拇指把線捲起來。

針由下往上穿入掛在拇指前方的線。

抽出拇指。

拉線以收緊針目，即完成 1 目捲針加針法。

6-1

6-2

重複步驟 1 ～ 5 的操作，加到需要的捲針數。

平面挑針

「挑針」是指從織片上拉出新的線，做出新的針目。
在編織 Top-down 毛衣過程中，編織袖子時會需要先挑針。

｜觀看影片｜

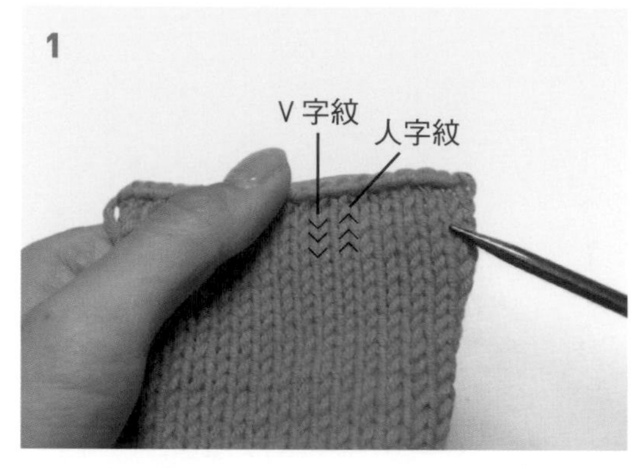

織面上會呈現「V」和「人」字紋路，先確認預織的位置，在 V 或人字紋的位置挑針。

從該段邊緣的 V 或人字紋位置穿入針。

3

把要更換的線套到針上。

右手拉住線與針平行，針帶線（往身體方向）從穿入的位置拉出來。

即完成 1 目挑針。

6

編織下 1 目時，若先前是從 V 字挑針就從 V 字，若是在人字挑針就一樣從人字穿入。

7

把針穿過織物。

8

把線由後往前繞針。

9

針帶線拉出來。

10

完成 2 目挑針。

11

反覆操作，挑針到所需針數即完成。

曲線挑針

｜觀看影片｜

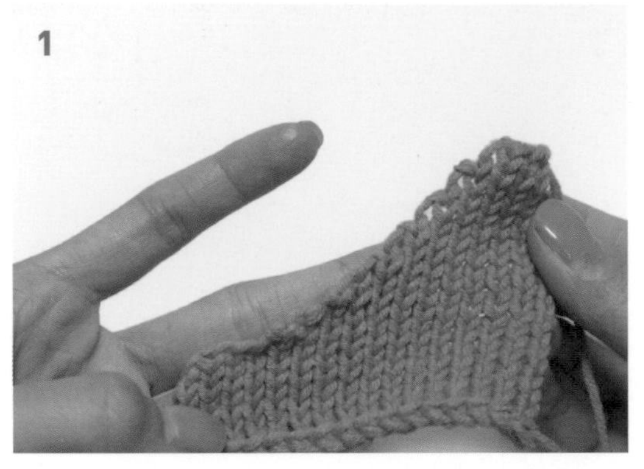

操作方式同平面挑針（請見第 40 頁）。選定 V 字紋或人字紋的位置後沿著曲線挑針（過程如圖 1 ～ 13）。通常從 V 字挑針更為漂亮。

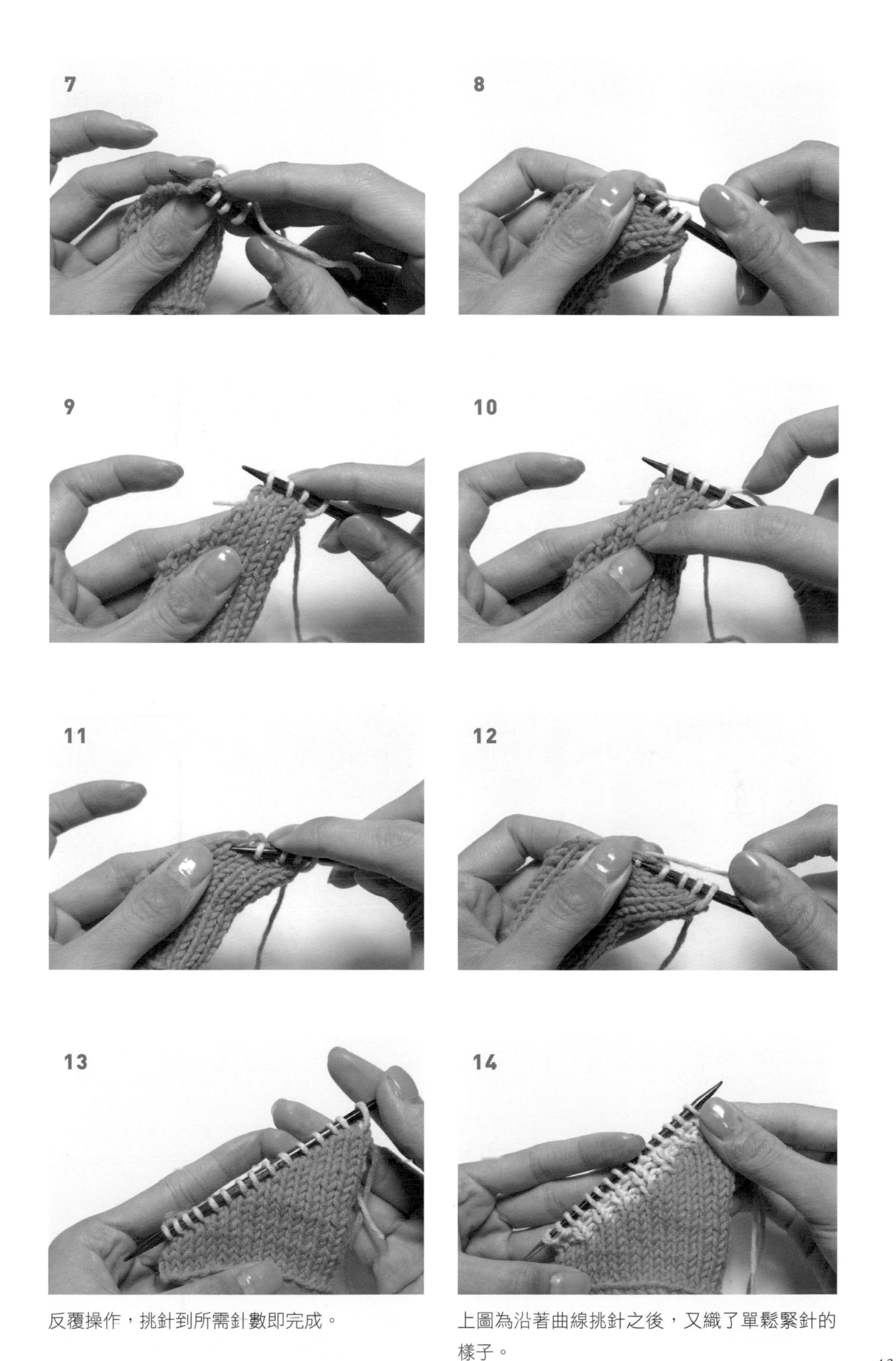

反覆操作，挑針到所需針數即完成。

上圖為沿著曲線挑針之後，又織了單鬆緊針的樣子。

段挑針

| 觀看影片 |

1-1

1-2

進行段挑針時，針要從 V 字的縫中穿入。比起從段的邊緣開始，更建議從往內半個針目的地方挑針（挑針方式請見第 40 頁）。

2-1

2-2

在 V 字紋的位置挑 1 針，並依據織圖指示邊滑針邊挑針，完成 1 段後，再重複編織至所需長度。由於段和針目間會有大小差異，若是所有 V 字都挑針可能凹凸不平，因此需適時加入滑針。編織時要挑多少針目再滑針，都取決於織圖和織片密度的比例。

2-3

2-4

2-5

2-6

上圖為完成段挑針的樣子。

分袖

「分袖」是編織Top-down毛衣時重要的一環。
織出肩膀部分後，會將兩邊袖子的針目先移轉到另一條線上，
等到編織完身體部分後，再回去將袖子編完。

｜觀看影片｜

1

確認衣服上袖子的位置。以拉格倫毛衣的情況來說，應以拉格倫線為基準線來區分袖子和身體；而沒有肩線的圓育克毛衣則需依照織圖指示的針數來編織。

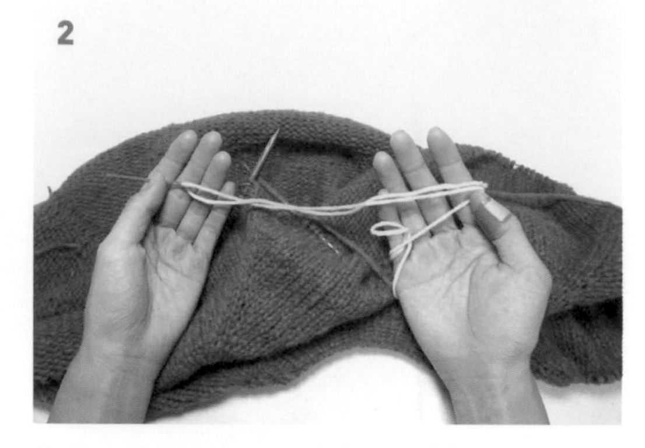

2

將零碎的線穿進毛線針的針眼後備用；或是用連結繩，一端套上針套，另一端與小尺寸的針連結後備用。

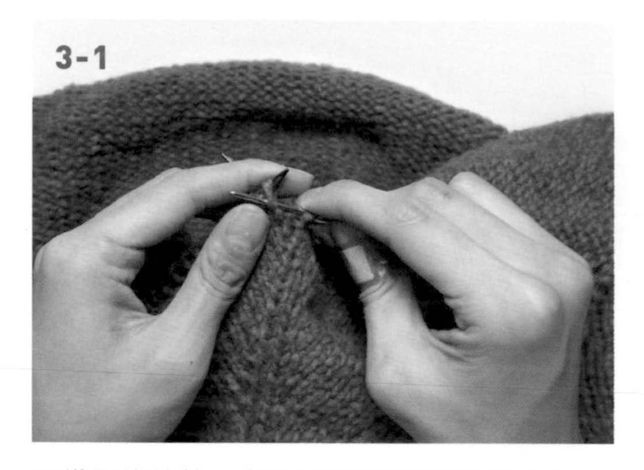

3-1

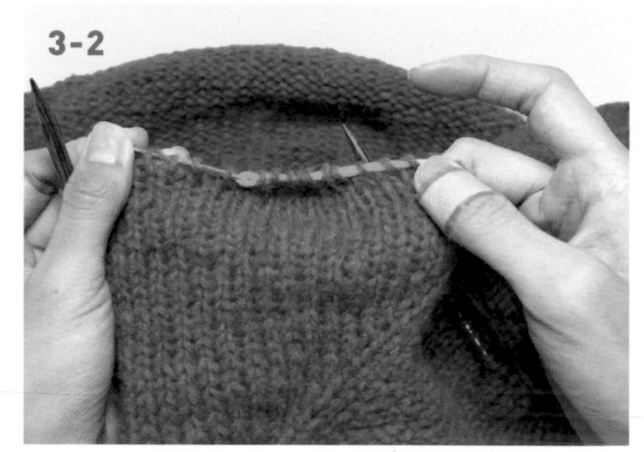

3-2

照織圖的針數，將針目移動到線或連結繩上。

4

這是完成移動針目的樣子。

5

若移動到線上，把線打結；移動到連結繩上，就把針套套在剩下的一端，以免針目掉出。（此段針目即之後要再回頭編織的袖子）

6-1

接下來編織捲加針。首先右手抓著針，左手抓著線。

6-2

7

依圖所示，將線纏繞在拇指上。

8

針由下往上穿入掛在拇指前端的線。

9

抽出拇指。

10

拉線以收緊針目，完成 1 目捲加針。

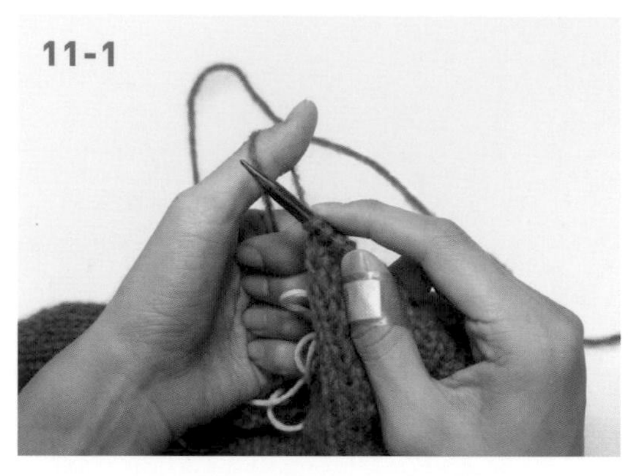

按照織圖所寫的捲針數，重複步驟 7 ～ 10 的操作。

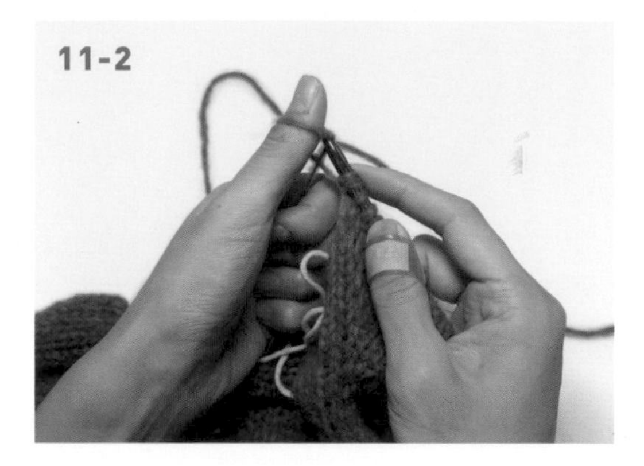

這是完成所有捲加針的樣子。

完成捲加針後，右針穿入左針上的第一目並織下針，織到織圖所標示的身體部位針數。套上記號圈，重複步驟 2 ～ 13，即完成一件衣服的分袖。

袖襱的挑針及編織

當身體部分編織完成後，要回到袖子時，
必須先將分袖時移轉的針目套回針上才能繼續編織。

｜觀看影片｜

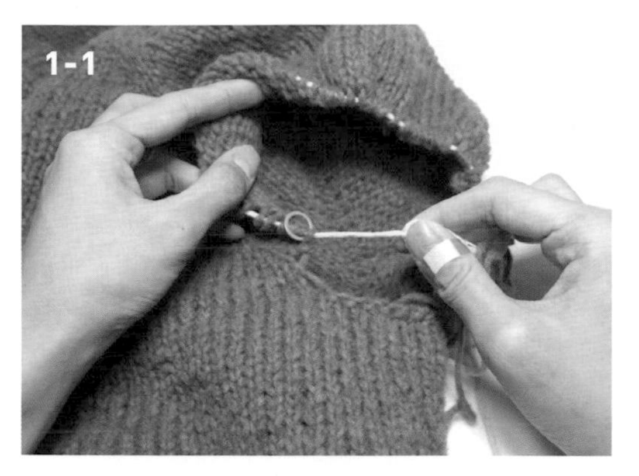

把分袖時移動到線或連結繩上的針目，再次套回針上。

針目套好後，把線的結剪斷並拉掉。

把新線掛在左手。確認人字紋的位置後，開始挑針（作法請見第 40 頁）。

把針穿入後，讓線在針頭上繞一圈，然後針帶線拉出來。

依照織圖所標示的針數，完成挑針。

稍微拉開左針和右針的距離，確認兩針之間的橫線。

用左針由後穿入並往上拉起。

把右針穿入左針上拉起的針目和下一目後，織下針（下針作法請見第 25 頁）。

緊接著織環編（請見第 27 頁）來織出袖子。

腋窩處洞口收合

毛衣編織完成後，最後步驟就是縫合腋窩處的洞口，
請使用毛線針仔細地收合後，再減掉多餘的線。

| 觀看影片 |

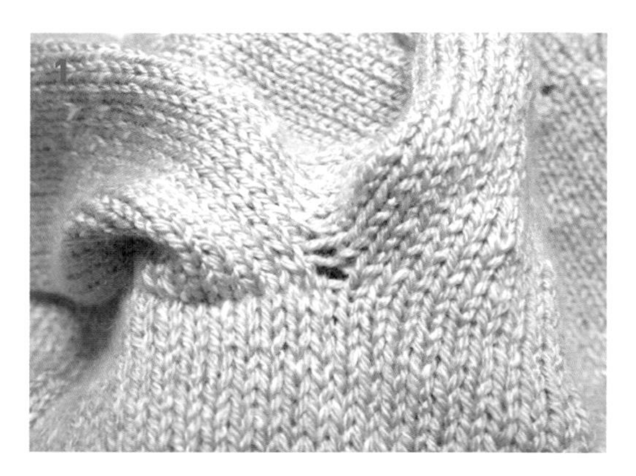

確認腋窩處洞口的位置。

翻到衣服反面，把留在反面的線穿過毛線針的針眼。

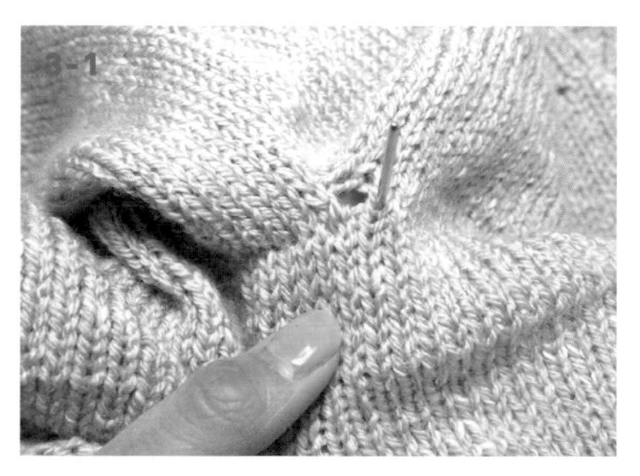

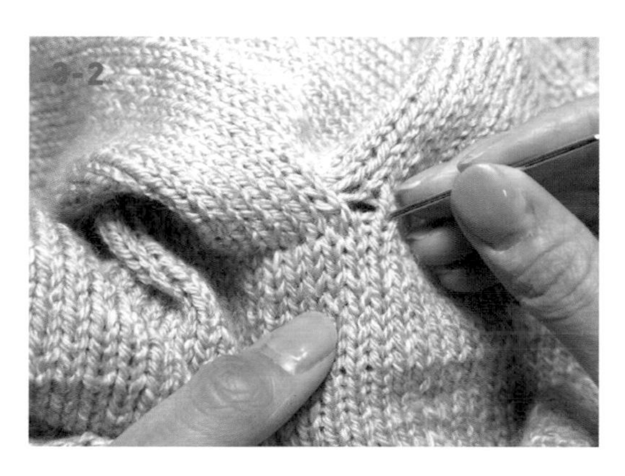

翻回衣服正面，毛線針從洞口旁邊的 V 字紋處，由內向外穿出。

將毛線針穿出後，再穿進正上方的 V 字中間。

先留著中間的洞口，從對角線的 V 字紋處，由內向外穿出。

將毛線針穿出後，再穿進正上方的 V 字中間。

重複步驟 3 ～ 6 的操作，直到洞口縫合為止。

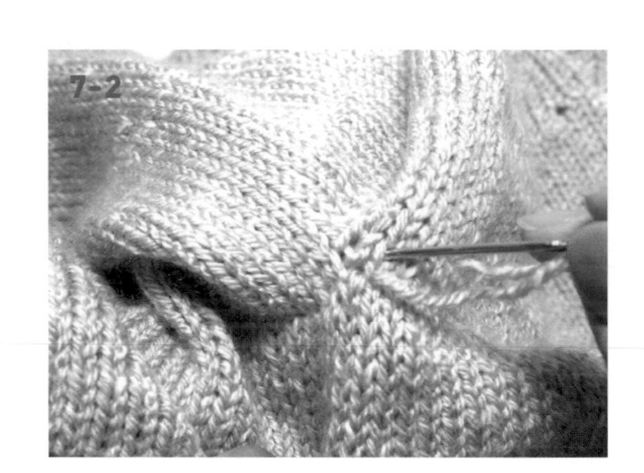

在衣服的反面藏線、打結收尾。

用毛線針織「單鬆緊針」收縫

比起一般的收針法（P30），
以毛線針織鬆緊針來收針，其織布會更有彈性。

｜觀看影片｜

預留一些長度後剪線（若是收縫袖口，線長約開口寬度的三倍），把線穿進毛線針的針眼。用毛線針從 1 的針目（下針）前方穿過去。

再從 2 的針目後方穿入。

毛線針穿過去、拉線的樣子。

再從 1 的針目後方穿入，帶著針目拔出針外。

線引出後的模樣。

檢視前兩個針目。當第二目呈現「下針」的形狀時，就用毛線針從 2 的針目前方穿入。

再從 1 的針目前方穿入，帶著針目拔出針外。

線引出後的模樣。

重新檢視前兩個針目。當第二目呈現「上針」的形狀時，就讓毛線針先從前兩個針目之間由下往上穿出。

然後用毛線針從 2 的針目後方穿入。

接著從 1 的針目後方穿入，帶著針目拔出針外。依照同樣原則，觀察第二目的形狀後，重複步驟 4～8 的操作。

PART3

了解織片密度

什麼是織片密度？

織片密度是在編織作品之前，必須知道的「尺寸指南」。

上圖的兩個織片，分別是兩位不同的人用「一樣的針、一樣的線」編織了「一樣的針數、一樣段數」的織片。一般來說，用相同條件來編織，應該會有相同結果才對，但是這兩個織片的大小卻不一樣。為什麼會這樣呢？

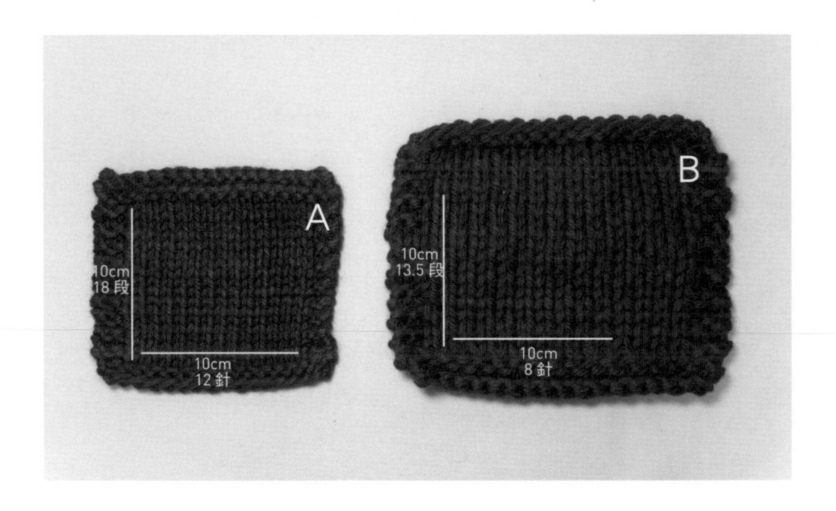

正是因為每個人的編織力道不同，成品大小也會隨著力道而改變。假如這兩個人在未測量、計算織片密度的狀況下，看著同一張織圖、用一樣的針線來織衣服，這樣就會有一人織出童裝，另一人織出成人大小的衣服。

現在我們就來測量這兩個人的織片密度。A 在 10cm 範圍內含 12 針 18 段，而 B 在 10cm 範圍內含 8 針 13.5 段。（以 V 字紋為基準，從橫排算就是針，從直排算就是段。）換句話說，若 A 要織出 10cm 寬的圍巾，就得織 12 目，而 B 只需織 8 目即可。假設 A 和 B 要織出一樣的圍巾，照著織圖上寫的【請先起 12 針，再接續編織上針。】來編織，那麼 A 就會織出寬度為 10cm 的圍巾，而 B 則會織出寬度超過 10cm 的圍巾。

織片密度是一種測量數值，訂定 10cm 的範圍內，橫向、縱向各有多少針數、多少段數。也就是以 cm 的概念來換算成針數和段數的方法。只要知道 10cm 範圍內有多少針數和段數，就可以知道 1cm 範圍內有多少小數點單位的針數和段數，之後再乘上所需長度（cm）後，就能得出所需的針數和段數。

針數和段數並非絕對值，會隨著外因而改變。舉例來說，如上圖所示，同樣都是起 5 針，但粗線面積比較大，而細線面積比較小。所以以下問題不成立：「想要織圍巾，請問該起多少針呢？」因為針數會隨著編織力道、使用的針、線而改變。因此，應該要注意 cm 值。cm 為固定數值，不會因外在因素而改變。

我們回到前面提到的 A 與 B 的織片密度。

如果 A 與 B 想要織出 20cm 寬的圍巾，那麼分別應起多少針呢？在 10cm 範圍內，A 的織片密度有 12 針，B 的織片密度有 8 針。那麼 20cm 分別就是 24 針和 16 針，所以只要各起 24 針和 16 針即可。

就像 A 和 B 的例子一樣，想織出同樣尺寸的編織物，即使是使用相同的線、相同的針，也會因為兩者的織片密度不同，導致兩人所需針數不同。

織片密度公式

與織片密度相關的公式如下。

- 針數＝1cm 織片密度×cm
- **cm**＝針數÷1cm 織片密度
- 符合我的織片密度針數（段數）＝〔織圖針數（段數）÷織圖織片密度（段數）〕×我的織片密度針數（段數）
- 織圖織片密度：織圖針數＝我的織片密度：我的針數

即便織圖上沒有標示 cm，只有標示針數和段數，也能計算出織片密度。因為針數其實就是「cm ×織片密度」，所以只要把織圖上的針數除織圖織片密度，就可以算出 cm。而得出 cm 值後，再配合自己的織片密度來計算即可。

計算織片密度的例題

知道 10cm 範圍內有多少針目後，就能知道 1cm 範圍內有多少針。假設 10cm 範圍內有 12 針，1cm 就有 1.2 針。段也是一樣，如果 10cm 範圍內有 13.5 段，1cm 就有 1.35 段（取到小數點第二位）。已知 1cm 範圍內有多少針／段了，所以現在只需直接乘上 cm 的值即可。為了讓各位能更清楚理解，我們來計算幾個例題。

例題 1　金科長的織片密度是 10cm×10cm 18 針 20 段。他的頭圍是 60cm。請問金科長織一頂帽子需要起多少針？

例題 2　金科長的織片密度是 10cm×10cm 18 針 20 段。金科長購買了一張織圖，其說明如下：

織片密度：10cm×10cm 25 針 27 段

作法：起 100 針，再編織至 8cm。

請問，根據金科長的織片密度，需要編織多少針和多少段？

例題 1

（針數÷織片公分數）×頭圍=（18÷10cm）×60cm =108

→解答：108 針

例題 2

・（織圖針數÷織圖織片密度針數）×我的織片密度針數

=（100÷2.5）×1.8 =72 針

・（織圖段數÷織圖織片密度段數）×我的織片密度段數

=（21.6÷2.7）×2=16 段

→解答：72 針 16 段

織片密度的編織操作

從現在開始，拿起你的線和針來編織，計算織片密度吧！不用想得太難，其實就只是織出一小片方形，再確認範圍內有多少針數和段數而已。

基本上，要製作計算織片密度的織片時，得織「平針」紋路（假如要織麻花紋的毛衣，就要製作麻花紋路的織片密度）。平針的紋路如下圖，由 V 字紋所構成，是十分常見的衣服紋路，也是在輪針編織中最基本的技巧。

若要織出平針的紋路，在環狀編織時，只要全織下針就能完成；而在平編時，就得織 1 段下針、1 段上針來完成。我們先來測量平編時的織片密度。

拿一個現在你持有的線團，看看上面的標籤內容說明。

這標籤的意思是：「此線若用 10mm 的針來織 10cm，就會有 10 針（10 Stitches）14 段（14 Rows）。」這裡所標的織片密度是平均值，所以得實際編織後，才能知道自己的織片密度。

當這個線團搭配 10mm 的針來使用時，在 10cm 的範圍內就會有 10 針，所以需織稍微大片一點，再測量 10cm 的範圍。可以多起一點針，大概 16 針左右，這樣在測量 10cm 時才會比較方便。假設線團上沒有標籤，那就多起一點針，並織出超過 10cm 的織片，以免起針數太少，沒辦法正確測量。

起好足夠數量的針數之後，請閱讀以下的「敘述式織圖」來編織織片。

編織 3 段下針。接著反覆下方 2 段的操作，直到平針的部分長達 10cm 以上。

下一段：先織 3 目下針、持續織上針直到剩 3 目、最後織 3 目下針。

下一段：整段全織下針。

反覆上述 2 段的編織，直到平針的部分達到 10cm 時，再編織 3 段下針，結尾收針。

現在已經完成了可計算織片密度的編織。請確認織片上 10cm 的範圍內橫向、縱向有多少針數和段數。

由於 Top-down 毛衣主要是使用環狀編織，所以測量環編的織片密度最為準確。平編時為了編出平針的紋路，需反覆「1 段下針、1 段上針」的順序編織。不過在環編時，只需全部織下針，就能編出平針的紋路。

首先做 10 公分的起針，然後織一段下針，原本織平編的話，會翻面織下一段，但在這裡不翻面，直接把針上的針目沿著連結繩往內推移到另一頭的針上，然後再織一段下針，反覆相同的動作即可。

下圖左是完成的織片正面，圖右是背面。這就是製作環編織片密度的簡易方法，其實跟平編織片密度差異不大，可以照自己方便的方式來做。但假設你的下針和上針的張力差距很大，那麼建議還是測量環編的織片密度。織好後可以與平編的織片密度比較看看。

環狀編織的
織片密度

織片完成後的清洗

通常使用針織素材製作的衣物，下水前後會有很大的差異。所以在完成計算密度的織片後，需清洗過再測量，這樣才可以減少誤差。

織片該如何清洗，取決於自己慣用的洗衣方式。假設織好針織衫後，打算只用中性洗衣精手洗，那麼織片也必須用同樣的方式清洗；假如以後都會使用洗衣機，那麼織片也要比照辦理。若是會定期送乾洗，因為幾乎不會發生衣服縮水、尺寸改變的情況，也就不需要事先試洗。

編織物用手洗加中性洗衣精清洗，或是用洗衣機清洗，都必須經過「Blocking（定型）」之後再晾乾。

Blocking 的步驟是先將幾件摺好的衣服或瑜伽墊等墊在清洗好的織物下方，將織物鋪平整後，用圖釘固定到完全乾透，再來測量織片密度。

運用織片密度織出符合頭圍的帽子

利用計算出來的織片密度，來織一頂合乎頭圍的帽子吧。

首先，要測量自己的頭圍。再來，乘上自己的 1cm 織片密度。現在已經得出帽子的針數。針數以偶數為佳，但也沒有一定。然後按照以下的敘述式織圖來編織帽子。

照著自己頭圍所需的針數起針，套上起始記號圈，接著開始織環編。織 6cm 單鬆緊針（反覆 1 下針、1 上針）。接著，織下針直到所需帽子長度。再來，直到段的最後一針為止，反覆一次織 2 針下針的操作。

帽子的收尾

1 照著織圖完成編織，剪線並預留 15cm 左右的長度。

2 把套在左針上的針目統統移至毛線針上。

3 拉線收緊針目，藏線收尾。

4 帽子完成。

如何在織圖上運用織片密度

- 織圖織片密度為 14 針 17 段，但我的織片密度為 12 針 15 段時→會織得比織圖鬆→若再繼續織下去，衣服尺寸會變大→更換細一點的針來調整織片密度。
- 織圖織片密度為 14 針 17 段，但我的織片密度為 16 針 20 段時→會織得比織圖緊→若再繼續織下去，衣服尺寸會變小→更換粗一點的針來調整織片密度。

「運用織片密度」的意思並不是要逐一計算，而是要對照自己的和織圖的織片密度，了解兩者間的差距後做微調，然後再繼續操作。

計算織片密度不是必須的，但會影響到最後成品呈現的結果。

若欲使用的線材粗細，跟織圖中的線材差距很大，就必須要計算織片密度。線的粗細差異，單憑調整針的粗細或力道是無法解決的。設計師在製作織圖時，基本上會配合樣本所使用的針、線比例來製作。當然也可以藉由計算織片密度，多多少少在針數上做調整。但每種線材都有各自段和針目間的比例關係，織圖中也會有隱藏的規律。因此，就算經過計算，整體的比例和形狀也有可能會不太一樣。

若想要完美運用經由計算得出的織片密度，就必須了解紗線的比例，也需考量編織物的張力等諸多條件。正因如此，在編織時，若想用的線材粗細跟織圖的線材差距很大，一定要做好「比例上一定會不一樣」的心理準備。

換算織片密度的範例

織圖織片密度：14 針 17 段，我的織片密度：22 針 28 段

若織圖上寫〔起或織 30 針〕，那麼只要計算「（30 針÷織圖織片密度）×我的織片密度」，就能算出符合我的織片密度的針數。段數也用同樣的方式計算。

慵懶高領手織毛衣

Pingo Tweed Turtle Neck Top-down Sweater

→作品編法參閱第 **79** 頁

短燈籠袖拉格倫毛衣

Phil Air Perou Raglan Puff Top-down Sweater

作品編法參閱第83頁

俐落育克縷空紋毛衣

Yoke Punching Sweater

作品編法在第 **87** 頁

質感方塊紋育克毛衣

Square Pattern Yoke Sweater

作品編法在第 **92** 頁

簡約圓領手織毛衣

Phil Nuage Balloon Top-down Sweater

作品編法在第 **97** 頁

氣質 V 領手織毛衣

Fashion Aran V-neck Top-down Sweater

作品編法在第 **101** 頁

拉格倫手織男友毛衣

Boyfriend Raglan Top-down Sweater

作品編法在第 **106** 頁

漸層色駝毛條紋毛衣

Alpaca Stripe Sweater

作品編法在第 **114** 頁

厚編織紋開襟衫

Phil Express Cardigan

作品編法參閱第 119 頁

舒適馬海毛開襟衫

Mohair Cardigan

作品編法參閱第 125 頁

簡潔鞍肩手織毛衣

Majestic Saddle Shoulder Top-down Sweater

作品編法在第 131 頁

澎袖手織漁夫毛衣

Phil Light Fisherman Top-down Sweater

作品編法在第 139 頁

TOP-DOWN KNIT

PART4

Top-down 手織服 & 織圖

如何閱讀敘述式織圖

- 敘述式織圖不同於記號圖，不需辨識記號就能讀懂。舉例來說，織圖上寫「10 下針、15 上針，其餘全織下針」，在操作時，就是「先織 10 目下針，再織 15 目上針，之後其餘的針目統統織下針」。大部分的情況下，一個句子就是一段。平編中的一段是指「第一針到最後一針」，而環編中的一段則是「織至回到起始記號圈的一圈」。
- 開始編織前，先把織圖從頭到尾過目一遍，實際編織時才能迅速理解。
- 請事先確認織圖上標示的尺寸，再對照欲編織的尺寸位置上標示的針數。舉例來說，尺寸標示為 XS（S）M（L）XL，針數顯示為 10（10）10（10）12，就表示在編織 S 尺寸時，只要看第二個（ ）裡標示的 10。再舉個例子，尺寸標示為 S（M）L，當針數呈現 8（9）10，那麼在編織 L 尺寸時，就只要看最後一個位置的 10。假設尺寸很多，但在針數或反覆次數只有一個數字時，代表所有尺寸都織一樣的針數即可。
- 在開始操作一個部分之前，請先把那部分的句子仔細地閱讀後再開始。答案都在織圖的每個句子裡。不需要看教學影片也能完成編織，所以請一句一句仔細閱讀，依照句子來編織。
- ▭ 內的句子，就是應編織的織圖。其餘的是針對該識圖的說明。
- 編織中途如遇到需更換成繩長的針時，請先放下右針，右手拿起欲更換的空針。用右針直接在左針上的針目做編織。等編織完所有的針目後，就會發現所有針目已全數移至一開始空著的針上。

Info

尺寸 XS（S）M（L）XL

模特兒試穿尺寸 S

胸圍 93（99）105（111）114 cm

衣長 44（48）52（55）58 cm（從頸部鬆緊編下方算起的長度）

織片密度 10cm×10cm・7mm 輪針・平針 13.5 針 19 段

針 6.5mm 可換頭輪針、7mm 可換頭輪針、40cm 連結繩、80cm 連結繩

線材 Pingo Tweed・1011 珠灰色（pearl）・100g・4（5）5（5）6 球

這件拉格倫毛衣是從高領的部分開始織，並做出俐落的拉格倫斜線。為了增加活動性，衣襬尾端會開衩，後片比前片稍長一點。這件用的是又粗又厚的線材，所以能迅速又簡單地織出成品。

頸部

TIP

以環編開始。起好針後，右手抓著有餘線的針，在左針（起的第一針）上織下針，即開始編織環編。

若是使用一般輪針，而非可換頭輪針，則編織魔法圈。

6.5mm 輪針接上 40cm 連結繩後，環狀起針，起 62（66）66（70）74 針，再織 12cm（26 段）單鬆緊針（反覆 1 下針、1 上針）。

一開始就要套上起始記號圈來標示段的第一目。編織環編時，若織回起始記號圈的位置時，就代表完成了一圈（1 段）的編織。不需拔除記號圈，只需要翻記號圈後繼續編織即可。

開始編織肩膀

肩膀第 1 段：更換成 7mm 的針，織 10（10）10（10）12 目下針、套記號圈、織 21（23）23（25）25 目下針、套記號圈、織 10（10）10（10）12 目下針、套記號圈、織 21（23）23（25）25 目下針

含起始記號圈，總共套了 4 個記號圈。以記號圈為基準點，10（10）10（10）12 目的地方是袖子，而 21（23）23（25）25 目則是身體的部分。起始記號圈使用和其他記號圈不同的顏色，才不會搞混。

肩膀的拉格倫加針

TIP

反覆〔1 下針、翻記號圈、1 下針〕就會形成拉格倫線（從頸部到腋窩的斜線）。並以偶數段上套記號圈的拉格倫線為基準點，使用 M1L 和 M1R 各往拉格倫線的兩側加針。一遇到記號圈，就織 M1R、〔下針、翻記號圈、下針〕、M1L，其餘全織下針。在起始記號圈的地方也有拉格倫線，所以開始、結束都各有一次 M1L 和 M1R 的加針。

第 2 段：1 下針、M1L、下針至下個記號圈前 1 目、M1R、1 下針、翻記號圈、1 下針、M1L、下針至下個記號圈前 1 目、M1R、1 下針、翻記號圈、1 下針、M1L、下針至下個記號圈前 1 目、M1R、1 下針、翻記號圈、1 下針、M1L、下針至下個記號圈（起始記號圈）前 1 目、M1R、1 下針

第 3 段：下針

反覆第 2 段－第 3 段的編織，織到 37（39）41（43）45 段為止。

中間可更換成 80cm 連結繩。

每段有 4 個記號圈，所以每織好〔1 下針、翻記號圈、1 下針〕，兩側就要分別用 M1R 和 M1L 做加針。這樣一來，每段總共會增加 8 個針目。

TIP
一段織加針，一段全織下針，重複這兩段操作，織到所需尺寸段數。

可以使用段數圈（迴紋針形）在每個加針段的第一針上做標示，以便確認是否該加針，而且也不容易搞混。

依照需要的尺寸織到第 37（39）41（43）45 段時，確認各尺寸的總針數是否正確：

「／」代表記號圈。袖子／身體／袖子／身體
XS　46／57／46／57／，共 206 個針目
S　48／61／48／61／，共 218 個針目
M　50／63／50／63／，共 226 個針目
L　52／67／52／67／，共 238 個針目
XL　56／69／56／69／，共 250 個針目

分袖

分袖時，需另準備連結繩和針套，或是零碎的線和毛線針。將袖子的針目移到連結繩或是零碎的線上後會暫休針，先織完身體的部分。現在要進行的是移動袖子針目以及分袖，可以拔除所有的記號圈。

開始分袖。先移動 46(48)50(52)56 個針目後暫休針（袖子部分），織 6(6)8(8)8 目捲加針並套上記號圈（標示身體側線），完成後，織 57(61)63(67)69 目下針（身體部分）。再移動 46(48)50(52)56 個針目後暫休針（袖子部分），織 6(6)8(8)8 目捲加針並套上記號圈（標示身體側線），完成後，織 57(61)63(67)69 目下針（身體部分）。

這裡第一個套上的記號圈（標示身體側線）就是起始記號圈了。掛在針上的總針數為 126（134）142（150）154 目。請確認針數是否正確。掛在針上的針目之後會變成身體部分。

持續編織下針，直到從捲加針的部分算起，總長達 20(23)26(28)30cm 為止。

可以一邊試穿一邊織，織到所需長度為止。示範樣本的長度是偏短的版型。

編織身體

TIP
平編跟織圍巾一樣，需要正、反面翻來翻去地編織。針數為奇數，下針、上針、下針、上針……下針結束，下一段則是上針、下針、上針、下針……上針結束。只要反覆這兩段的操作即可。

織好衣長之後，使用另外的連結繩和針套，或是零碎的線和毛線針，移動從起始記號圈到下一個身體側線記號圈的針目，移動後暫休針。衣服下襬的前片和後片要分開編織。此刻開始，要編織平編，而非環編。使用 6.5mm 針在針上的 63(67)71(75)77 個針目上，織 6cm(12 段)單鬆緊針(反覆 1 下針、1 上針)，完成後收針。

將剛休針的另一端身體部位的針目套進 6.5mm 針上，並織 8cm(18 段)單鬆緊針(反覆 1 下針、1 上針)，完成後收針。

編織袖子

把前面休針的 46(48)50(52)56 個針目套回 7mm 針上，並取新的線，在身體部分織好的 6(6)8(8)8 目捲加針上挑 6(6)8(8)8 針。挑好針後，套上起始記號圈來標示袖子段的起始位置。

現在針上有 52（54）58（60）64 個針目。

從手臂下方(捲加針的部分)開始織下針，直到總長達 40(40)43(44)45cm 為止。

袖子鬆緊段

現在更換成 6.5mm 針，織 6cm(12 段)單鬆緊針(反覆 1 下針、1 上針)，完成後收針。

另一邊袖子也用同樣的方式編織。

收尾

整理剩餘的線，腋窩處的洞口則用穿好線的毛線針收合。

短燈籠袖拉格倫毛衣

Phil Air Perou Raglan Puff Top-down Sweater

Info

尺寸 XS（S）M（L）XL

模特兒試穿尺寸 XS

胸圍 92（93）101（104）110 cm

衣長 50（52）53（54）56 cm

織片密度 10cm×10cm・8mm 輪針・平針・13 針 17 段

針 6mm 可換頭輪針、8mm 可換頭輪針、40cm 連結繩、80cm 連結繩

線材 Phil Air Perou・2447 礦物黑（Mineral）・50g・3（4）4（5）5 球

這件是 Top-down 拉格倫毛衣的基本型。燈籠式的短版袖子更能凸顯女性氣質。由於領口是在最後才回來挑針編織，沒有因長時間編織而被拉扯，所以不會鬆鬆的。

頸部

TIP
起好針後，右手抓著有餘線的針，在左針（起的第一針）上織下針，即開始編織環編。

若是使用一般輪針，而非可換頭輪針，則編織魔法圈。

8mm 輪針接上 40cm 連結繩後，環狀起針，起 52(58)60(60)62 針。

第 1 段：織 8(10)10(10)10 目下針、套記號圈、織 18(19)20(20)21 目下針、套記號圈、8(10)10(10)10 目下針、套記號圈、織 18(19)20(20)21 目下針、套記號圈

最後一個記號圈標示的是段的起始點，請用容易辨別的顏色或形狀。編織環編時，若織回起始記號圈的位置時，就代表完成了一圈（1 段）的編織。不需拔除記號圈，只需翻記號圈後繼續編織即可。這裡以記號圈為基準點，8（10）10（10）10 目是袖子，8（19）20（20）21 目則是身體部位。

TIP
反覆〔1 下針、翻記號圈、1 下針〕就會形成拉格倫線（從頸部到腋窩的斜線）。並以偶數段上套記號圈的拉格倫線為基準點，使用 M1L 和 M1R 各在拉格倫線的兩側加針。一遇到記號圈，就織 M1R、〔下針、翻記號圈、下針〕、M1L，其餘全織下針。在起始記號圈的地方也有拉格倫線，所以開始、結束都各有一次 M1L 和 M1R 的加針。

一段織加針，一段全織下針，重複這兩段操作，織到所需尺寸段數。

可以使用段數圈（迴紋針形）在每個加針段的第一針上做標示，以便確認是否該加針，而且也不容易搞混。

第 2 段：1 下針、M1L、下針至下個記號圈前 1 目、M1R、1 下針、翻記號圈、1 下針、M1L、下針至下個記號圈前 1 目、M1R、1 下針、翻記號圈、1 下針、M1L、下針至下個記號圈前 1 目、M1R、1 下針、翻記號圈、1 下針、M1L、下針至下個記號圈（起始記號圈）前 1 目、M1R、1 下針

第 3 段：下針

反覆第 2 段－第 3 段的編織，織到 35(35)39(41)43 段為止。

中間可以更換成 80cm 連結繩。

依照需要的尺寸織到第 35（35）39（41）43 段時，確認各尺寸的總針數是否正確：

「／」代表記號圈。袖子，身體，袖子，身體

XS　42／52／42／52／，共 188 個針目
S　44／53／44／53／，共 194 個針目
M　48／58／48／58／，共 212 個針目
L　50／60／50／60／，共 220 個針目
XL　52／63／52／63／，共 230 個針目

分袖

分袖時，需另準備連結繩和針套，或是零碎的線和毛線針。將袖子的針目移到連結繩或是零碎的線上後會暫休針，先織完身體的部分。現在要進行的是移動袖子針目以及分袖，可以拔除所有的記號圈。

開始分袖。先移動 42（44）48（50）52 個針目後暫休針（袖子部分），織 8 目捲加針。完成捲加針後，織 52（53）58（60）63 目下針（身體部分）。再移動 42（44）48（50）52 個針目後暫休針（袖子部分），織 8 目捲加針。完成捲加針後，織 52（53）58（60）63 目下針（身體部分）。

回到起始記號圈的位置了。現在針上的總針數為 120（122）132（136）142 目。請確認針數是否正確。掛在針上的針目之後會變成身體部分。

編織身體

持續編織下針，直到衣長達 41（43）43（46）46cm 為止。

可以一邊試穿一邊織，織到所需長度。

織好身體的衣長之後，就更換成 6mm 針，織 6cm 單鬆緊針（反覆 1 下針、1 上針），完成後收針。

編織袖子

取新的線，在身體部分織好的 8 目捲加針上挑 8 針。

接著，把前面休針的 42（44）48（50）52 個針目套回到針上，並編織下針。

織好下針後，就套上記號圈來標示袖子段的起始位置。現在的針上有 50（52）56（58）60 個針目。

從手臂下方（捲加針的部分）開始織下針，直到總長達 10（12）12（13）13cm。

袖子減針、鬆緊段

把袖子織到需要的長度後，為了做出袖子的蓬鬆感，在織鬆緊段之前必須先減針。這裡的針數變少了，所以可以使用短輪針、雙頭棒針，或者用長輪針搭配魔法圈技法來編織。

在開始編織鬆緊段之前，要先把針數減半。請持續操作一次織 2 目下針，直到剩下最後 2（0）0（2）0 目。

現在更換成 6mm 針，織 4cm 單鬆緊針（反覆 1 下針、1 上針），完成後收針。另一邊的袖子也用同樣的方式編織。

袖口要弄得鬆鬆的，手臂的地方才不會太緊。用毛線針織單鬆緊針收縫技法來收尾，比較能保有舒服的彈性。

領口

使用 6mm 針、套上新的線，在領口處挑 52（58）60（60）62 針。

織 6 段（3.5cm）單鬆緊針後藏線收尾，或者用毛線針織單鬆緊針收縫。（頸部較窄，建議用毛線針織單鬆緊針收縫。）

收尾

整理剩餘的線，腋窩處的洞口則用穿好線的毛線針收合。

俐落育克縷空紋毛衣

Yoke Punching Sweater

Info

尺寸 XS（S）M（L）XL

模特兒試穿尺寸 XS

胸圍 84（90）98（102）108 cm

衣長 55（59）63（67）70 cm

織片密度 10cm×10cm・4mm 輪針・平針・20 針 31 段

針 4mm 可換頭輪針、40cm 連結繩、60cm 連結繩、100cm 連結繩

線材 King Cole Cotton Top・4221 石灰色（Stone）・100g・4（4）5（5）6 球

這是一件基本款的圓育克毛衣。在特定的段上分配加針後，做出獨特的圓肩線，並在加針的部分刻意弄出小洞來做出紋路，增添亮點。最後一段不做鬆緊段處理，而是做成剛剛好貼身的設計，是一件非常適合搭配外套的俐落毛衣。

育克、肩頸部位

TIP
起好針後，右手抓著有餘線的針，在左針（起的第一針）上織下針，即開始編織環編。編織環編時，若織回起始記號圈的位置時，就代表完成了一圈（1 段）的編織。不需拔除記號圈，只需翻記號圈後繼續編織即可。

4mm 輪針接上 40cm 連結繩後，環狀起針，起 80（88）96（100）108 針。套上記號圈後再繼續操作。

完成起針後，織 3 段下針。

肩膀加針 part1

育克縷空毛衣的加針（以下簡稱加針）是在刻意弄出小洞的同時增加針目。技法類似 M1L，但織的過程不做扭轉。請參考下方圖。

1 將兩個針目之間的橫線掛在右針上。

2 如同織下針般，把線繞在右針上。

3 在有繞線的情況下，以下針的方式掛針後拉出。

4 完成加針。

整段反覆操作〔2 下針、1 次加針〕

現在針上有 120（132）144（150）162 個針目。請確認針數是否正確。可以更換成 60cm 連結繩。

持續編織下針，直到從頸部算起，總長達 3（3）3.5（3.5）3.5cm。

肩膀加針 part2

整段反覆操作〔3 下針、1 次加針〕

現在針上有 160（176）192（200）216 個針目。請確認針數是否正確。

持續編織下針，直到從頸部算起，總長達 6（6）6.5（6.5）7cm。

肩膀加針 part3

整段反覆操作〔4 下針、1 次加針〕

現在針上有 200（220）240（250）270 個針目。請確認針數是否正確。可以更換成 100cm 連結繩。

持續編織下針，直到從頸部算起，總長達 9（9）10（11）12cm。

肩膀加針 part4

整段反覆操作〔5 下針、1 次加針〕

現在針上有 240（264）288（300）324 個針目。請確認針數是否正確。

現在加針的部分已完成。持續編織下針，直到從頸部算起，總長達 20（22）24（26）27cm 為止。

現在育克的部分已完成。接下來要進行分袖。

肩膀紋樣參考圖

分袖

分袖時，需另準備連結繩和針套，或是零碎的線和毛線針。將袖子的針目移到連結繩或是零碎的線上後會暫休針，先織身體的部分。現在要進行的是移動袖子針目以及分袖，可以拔除所有的記號圈。

開始分袖。先移動 46（52）56（58）64 個針目後暫休針（袖子部分），織 10（10）10（12）12 目捲加針，完成捲加針後，織 74（80）88（92）98 目下針（身體部分）。再移動 46（52）56（58）64 個針目後暫休針（袖子部分），織 10（10）10（12）12 目捲加針，完成捲加針後，織 74（80）88（92）98 目下針（身體部分）。

回到起始記號圈的位置了。現在針上的針目有 168（180）196（208）220 個。請確認針數是否正確。

編織身體

持續編織下針，直到從捲加針的部分算起總長達 35（37）39（41）43cm 為止，最後收針結尾。

可以一邊試穿一邊織，織到所需長度。

編織袖子

取新的線，在身體部分織好的 10（10）10（12）12 目捲加針上挑 10（10）10（12）12 針。接著，把前面休針的 46（52）56（58）64 個針目套回針上，並編織下針。

織好下針後，套上記號圈來標示袖子段的起始位置。現在針上的總針數為 56（62）66（70）76 目。

從手臂下方（捲加針的部分）開始織下針，直到總長達 27（27）28（29）30cm，最後收針結尾。

此為七分袖，但也可以一邊試穿一邊織，織到所需長度。

另一邊的袖子也用同樣的方式編織。

收尾

整理剩餘的線，腋窩處的洞口則用穿好線的毛線針收合。

秋冬換季時搭一件風衣外套就很時髦。

質感方塊紋育克毛衣

Square Pattern Yoke Sweater

Info

尺寸 12～18 個月大孩童的尺寸

胸圍 52cm

衣長 26cm

織片密度 10cm×10cm・3.5mm 輪針・上下針・28 針 33 段

針 3.5mm 可換頭輪針、40cm 連結繩、60cm 連結繩

線材 Phil Soft+・108906 粉末藍（Powder blue）・25g・4 球

具有獨特方塊感紋路的兒童毛衣，需要逐步編織出規則性的花紋，編織的過程中也充滿樂趣。若用同樣的針數、使用 8mm 以上的粗針和粗線來編織，就能做出成人的尺寸。

頸部

TIP

起好針後，右手抓著有餘線的針，在左針（起的第一針）上織下針，即開始編織環編。

若是使用一般輪針，而非可換頭輪針，則編織魔法圈。

3.5mm 輪針接上 40cm 連結繩後，環狀起針，起 84 針。套上記號圈來標示開始的位置。

肩膀紋路 1（3 針規則）

第 1 段－第 7 段：整段反覆操作〔3 下針、3 上針〕，共 7 段。

第 8 段：整段反覆操作〔2 下針、M1L、1 下針、1 上針、pfb、1 上針〕。

肩膀紋路 2（4 針規則）

第 9 段－第 15 段：整段反覆操作〔4 上針、4 下針〕，共 7 段。

第 16 段：整段反覆操作〔2 上針、pfb、1 上針、3 下針、M1L、1 下針〕。

肩膀紋路 3（5 針規則）

第 17 段－第 24 段：整段反覆操作〔5 下針、5 上針〕，共 8 段。

第 25 段：整段反覆操作〔4 下針、M1L、1 下針、3 上針、pfb、1 上針〕。

肩膀紋路 4（6 針規則）

第 26 段—第 34 段：整段反覆操作〔6 上針、6 下針〕，共 9 段。

第 35 段：整段反覆操作〔4 上針、pfb、1 上針、5 下針、M1L、1 下針〕。

中間可更換成 60cm 連結繩。

肩膀紋路 5（7 針規則）

第 36 段—第 45 段：整段反覆操作〔7 下針、7 上針〕，共 10 段。

*這裡的紋路不做加針。

總針數：196 個針目（28 個方格×7 針）

分袖

分袖時，需另準備連結繩和針套，或是零碎的線和毛線針。將袖子的針目移到連結繩或是零碎的線上後會暫休針，先織完身體的部分。現在要進行的是移動袖子針目以及分袖，可以拔除起始記號圈以外的所有記號圈。

開始分袖，先移動 42 個針目（6 個方格）後暫休針（袖子部分），織 14 目捲加針，完成捲加針後，織 56 目（8 個方格）下針（身體部分）。再移動 42 個針目（6 個方格）後暫休針（袖子部分），織 14 目捲加針，完成捲加針後，織 56 目（8 個方格）下針（身體部分）。

回到起始記號圈的位置了。現在針上有 140 個針目。請確認針數是否正確。掛在針上的針目之後會變成身體部分。

編織身體

反覆編織〔7 上針、7 下針〕，直到做出直排上有 7 個一凹一凸、規律交替的方格為止。一個紋路有 11 段。織好 11 段的〔7 上針、7 下針〕以後，接下來的紋路要織 11 段的〔7 下針、7 上針〕。在織出 7 個方格前都反覆編織。最一開始織的時候紋路不會很明顯，但只要反覆編織就會逐漸清楚。

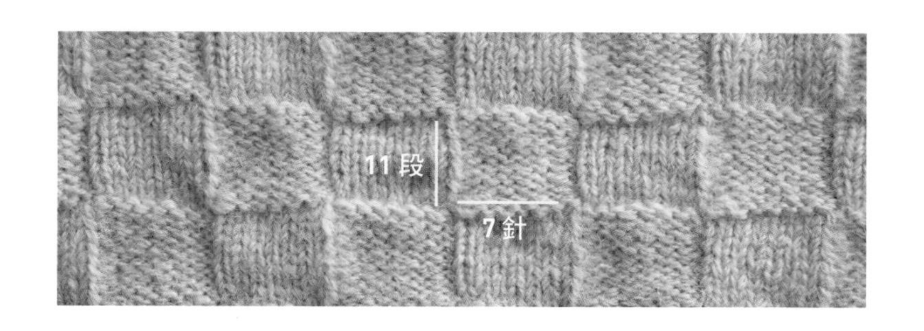

身體的地方織好 7 格的紋路後，接下來的一整段反覆操作〔一次織 2 目下針、3 下針、一次織 2 目下針、一次織 2 目上針、3 上針、一次織 2 目上針〕，對準紋路來織 7 段，完成後收針。

編織袖子

TIP

因為袖圍較窄，建議使用魔法圈技法來編織，或是使用雙頭棒針、短輪針。

沒有在所有袖子的捲加針上挑針的原因是：若為了符合規則，所有針目都挑針，這樣袖圍會變得太寬，腋窩的位置也會變得奇怪。

取新的線，在身體部分之前織好 14 目捲加針的地方，共挑 8 針。在挑針時，跳過 1 針後對齊挑 2 針、跳過 1 針後對齊挑 2 針、跳過 2 針後對齊挑 2 針、跳過 1 針後對齊挑 2 針、跳過 1 針後，再把剛休針的 42 個針目套回針上。

袖子捲加針的部分

接下來，在捲加針挑針的地方依〔4 上針、4 下針〕的規律來編織，袖圍則依〔7 上針、7 下針〕規律編織。

同身體部位的操作，直到做出直排上有 7 個方格為止，紋路都要交替著編織。一個紋路有 11 段。織好 11 段的〔7 上針、7 下針〕以後，接下來的紋路要織 11 段的〔7 下針、7 上針〕。就這樣，在織出 7 個方格前都反覆編織。但只有在捲加針的地方要照〔4 上針、4 下針〕或〔4 下針、4 上針〕的規則來織。

袖子收尾

袖子織好 7 格的紋路後，接下來的一整段反覆操作〔一次織 2 目下針、3 下針、一次織 2 目下針、一次織 2 目上針、3 上針、一次織 2 目上針〕，對準紋路來織 5 段，完成後收針。這裡得弄得較寬鬆，手臂的地方才不會太緊。

另一邊的袖子也用同樣的方式編織。

收尾

整理剩餘的線，腋窩處的洞口則用穿好線的毛線針收合。

Info

尺寸 XS（S）M（L）XL

模特兒試穿尺寸 M

胸圍 96（102）108（112）118 cm

衣長 50（52）53（54）56 cm

織片密度 10cm×10cm・12mm 輪針・平針・10 針 14 段

針 12mm 可換頭輪針、8mm 可換頭輪針、40cm 連結繩、80cm 連結繩

線材 Phil Air Perou・1192 米黃色（Beige）・50g・4（4）4（5）5 球

這件是使用粗針快速編織的基本款拉格倫毛衣。利用 kfb 加針法來做出拉格倫線，編織過程中可以感受到和 M1R、M1L 加針法的不同處。由於領口是在最後才做挑針編織，所以不太會有變鬆變寬的情形。

頸部

TIP
以環編開始，請避免針目糾結在一起。起好針後，右手抓著有餘線的針，在左針（起的第一針）上織下針，即開始編織環編。

若是使用一般輪針，而非可換頭輪針，則編織魔法圈。

12mm 輪針接上 40cm 連結繩後，環狀起針，起 52（58）60（60）62 針。

第 1 段：織 8（10）10（10）10 目下針、套記號圈、織 18（19）20（20）21 目下針、套記號圈、織 8（10）10（10）10 目下針、套記號圈、織 18（19）20（20）21 目下針、套記號圈

最後一個記號圈標示的是段的起始點，請用容易區分的顏色或形狀的記號圈套上。編織環編時，若織回起始記號圈的位置時，就代表完成了一圈（1 段）的編織。不需拔除記號圈，只需翻記號圈並繼續編織即可。這裡以記號圈為基準點，8（10）10（10）10 目是袖子，18（19）20（20）21 目則是身體部位。

TIP
每次遇到記號圈，就以記號圈為基準點往兩側加針。在第一段第一個針目旁邊有記號圈，所以第二段第一個針目就要用 kfb 的方式加針。第二段最後一個針目旁邊也有記號圈，所以最後一個針目也要用 kfb 的方式加針。

第 2 段：翻起始記號圈、kfb、下針至下個記號圈前 1 目、kfb、翻記號圈、kfb、下針至下個記號圈前 1 目、kfb、翻記號圈、kfb、下針至下個記號圈前 1 目、kfb、翻記號圈、kfb、下針至下個記號圈前 1 目、kfb

總共會有 4 個記號圈，於記號圈兩側做加針，這樣每一段都會增加 8 個針目。

TIP
一段用 kfb 往記號圈兩側加針，一段全織下針，重複這兩段操作，織到所需尺寸段數。

可以使用段數圈（迴紋針形）在每個加針段的第一針上做標示，以便確認是否該加針，而且也不容易搞混。

請隨時注意各袖子、身體部位經加針後的針數是否對稱。

第 3 段：下針

反覆第 2 段－第 3 段的編織，織到 21（23）25（27）29 段為止。

中間可以更換成 80cm 連結繩。

織到第 21（23）25（27）29 段時，確認各尺寸的總針數是否正確：
「／」代表記號圈。袖子／身體／袖子／身體
XS　28／38／28／38／，共 132 個針目
S　32／41／32／41／，共 146 個針目
M　34／44／34／44／，共 156 個針目
L　36／46／36／46／，共 164 個針目
XL　38／49／38／49／，共 174 個針目

分袖

分袖時，需另準備連結繩和針套，或是零碎的線和毛線針。將袖子的針目移到連結繩或是零碎的線上後會暫休針，先織完身體的部分。現在要進行的是移動袖子針目以及分袖，可以拔除所有的記號圈。

開始分袖。先移動 28（32）34（36）38 個針目後暫休針（袖子部分），織 10 目捲加針。完成捲加針後，織 38（41）44（46）49 目下針（身體部分）。再移動 28（32）34（36）38 個針目後暫休針（袖子部分），織 10 目捲加針。完成捲加針後，織 38（41）44（46）49 目下針（身體部分）。

回到起始記號圈的位置了。現在針上的總針數為 96（102）108（112）118 目。請確認針數是否正確。掛在針上的針目之後會變成身體部分。

編織身體

持續編織下針，直到頸部至衣襬長達 41（43）43（46）46cm。

可以一邊試穿一邊織到所需長度。

織好衣長之後，就更換成 8mm 針，持續編織單鬆緊針（反覆 1 下針、1 上針）直到 6cm 長，完成後收針。

編織袖子

取新的線，在身體部分織好的 10 目捲加針上挑 10 針。

接著，把前面休針的 28（32）34（36）38 個針目套回 12mm 針上，並編織下針。

織好下針後，就套上記號圈來標示袖子段的起始位置。現在的針上有 38（42）44（46）48 個針目。

從手臂下方（捲加針的部分）開始織下針，直到總長達 40（41）42（43）44cm。

袖子減針、鬆緊段

把袖子織到需要的長度後，為了做出袖子的蓬鬆感，在織鬆緊段之前必須先減針。這裡的針數變少了，所以可以使用短輪針、雙頭棒針，或者用長輪針搭配魔法圈技法來編織。

在開始編織鬆緊段前，要先把針數減半。請持續操作一次織 2 目下針，直到剩下最後 2（2）0（2）0 目。

現在更換成 8mm 針，織 4cm 單鬆緊針（反覆 1 下針、1 上針）。完成後收針。這裡要弄得鬆鬆的，這樣手臂的地方才不會太緊。用毛線針織單鬆緊針收縫技法來收尾，才會有彈性。

另一邊的袖子也用同樣的方式編織。

領口

使用 8mm 輪針、套上新的線，在領口的地方挑針。

共挑 52（58）60（60）62 針。

織 4 段單鬆緊針（反覆 1 下針、1 上針）後藏線收尾，或者用毛線針織單鬆緊針收縫。

收尾

整理剩餘的線，腋窩處的洞口則用穿好線的毛線針收合。

氣質 V 領手織毛衣

Fashion Aran V-neck Top-down Sweater

Info

尺寸 FREE

胸圍 110cm

衣長 （從後頸鬆緊編算起）47cm

織片密度 10cm×10cm・5mm 輪針・15.5 針 23 段

針 5mm 可換頭輪針、4.5mm 可換頭輪針、40cm 連結繩、100cm 連結繩

線材 Fashion Aran・3320 泰里紅（Tiree）・400g・1 球

這是一件 V 領的 Top-down 拉格倫毛衣。V 領的挑針、鬆緊段作法，也可運用在編織背心上。試著織一遍看看，可以學到各式各樣的編織法喔！

起針

TIP
以平編開始，而非環編，等做出 V 領的部分之後，再用環編來織。

後面只要在織圖上看到「／」，就直接把記號圈翻到右針上。

以 5mm 輪針起 56 針的基本針。並請看下方記號圈的劃分來起針和套記號圈。

1（前片）／2（拉格倫）／6（袖子）／2（拉格倫）／34（後片）／2（拉格倫）／6（袖子）／2（拉格倫）／1（前片）。

這裡的「／」代表記號圈，是用來劃分後續需加針的位置。

基本針上，有 2 目的拉格倫線、6 目的兩側袖子，34 目則是後頸的部分。前頸的部分會在後面利用捲加針的針法來編織。

前頸之定型

TIP
織好捲加針後，把捲加針當作普通的針目來編織即可。捲加針要織在有針目的針上，而非空針上，再來，不需把織好的捲加針移到其他的針上，也不需單獨挑出來織。

第 1 段（上編）：全織上針

第 2 段（下編）：1 捲加針、下針至記號圈、M1R、翻記號圈、2 下針、翻記號圈、M1L、下針至下個記號圈、M1R、翻記號圈、2 下針、翻記號圈、M1L、下針至下個記號圈、M1R、翻記號圈、2 下針、翻記號圈、M1L、下針至下個記號圈、M1R、翻記號圈、2 下針、翻記號圈、M1L、1 下針、1 捲加針

第 3 段（上編）：全織上針

第 4 段（下編）：1 捲加針、下針至記號圈、M1R、翻記號圈、2 下針、翻記號圈、M1L、下針至下個記號圈、M1R、翻記號圈、2 下針、翻記號圈、M1L、下針至下個記號圈、M1R、翻記號圈、2 下針、翻記號圈、M1L、下針至下個記號圈、M1R、翻記號圈、2 下針、翻記號圈、M1L、其餘針目全織下針、1 捲加針

反覆第 3 段－第 4 段的編織，織到前片有 33 個針目、後片有 66 個針目、袖子各有 38 個針目為止。

在「下編（含捲加針的段）」織到所需針目後，下一段不織上針，也不需翻面，穿入左針上第一個針目後編織下針，並開始操作環編。開始編織環編後，第一個遇到的記號圈（在左袖拉格倫線處的記號圈）就是起始記號圈。回到起始記號圈，就表示已織完一整段的下針。

拉格倫加針

織好一整段的下針（環編）之後，反覆操作以下 3 段，織到袖子各有 50 個針目、前後片均有 78 個針目為止。

加針段：翻起始記號圈、2 下針、翻記號圈、M1L、下針至下個記號圈、M1R、翻記號圈、2 下針、翻記號圈、M1L、下針至下個記號圈、M1R、翻記號圈、2 下針、翻記號圈、M1L、下針至下個記號圈、M1R、翻記號圈、2 下針、翻記號圈、M1L、下針至下個記號圈、M1R

下一段：下針

再下一段：下針

織到袖子各有 50 個針目、前後片均有 78 個針目以後，需再多織 2 段的下針。

分袖

到了分袖階段，可以在編織的同時拔除所有記號圈。因為會從拉格倫線的兩側各拿 1 針，所以分袖時會多 2 個針目。

TIP
在 2 目拉格倫線中，1 目是袖子，1 目是身體部位。以拉格倫線為基準點來區分袖子和身體。

翻起始記號圈、1 下針、使用另外的連結繩（或另外的線和毛線針）移動 52 個針目（包含兩側各 1 針的拉格倫）、8 捲加針、80 下針、使用另外的連結繩（或另外的線和毛線針）移動 52 個針目（包含兩側各 1 針的拉格倫）、8 捲加針、80 下針

現在針上的總針數為 176 目。

編織身體

在針上的 176 目上統統織下針，直到從捲加針的部分算起，總長達 24cm 為止。

身體部位的鬆緊段

編織鬆緊段前，先更換成 4.5mm 針，並編織〔反覆（15 下針、一次織 2 目下針）至剩 6 目、6 下針〕。

接著從下一段開始織單鬆緊針（反覆 1 下針、1 上針），直到 6cm 長為止，完成後收針。

開始編織袖子

把套在另外的線或連結繩上的 52 個針目套回 5mm 針上。

在捲加針的地方挑 4 針後套起始記號圈，在捲加針的地方再挑 4 針後織下針。現在袖子總共有 60 個針目。

持續編織下針，織到從捲加針處算起袖長達 23cm 為止。

袖子減針

織好 23cm 的袖長以後，反覆操作以下的〔減針段+15 段下針〕三次。

減針段：一次織 2 目下針、1 下針（織至起始記號圈前 2 目）、一次織 2 目下針

15 段下針

接著照以下的段來編織（共 4 段）。

減針段：一次織 2 目下針、1 下針（織至起始記號圈前 2 目）、一次織 2 目下針

3 段下針

袖子鬆緊段

用 4.5mm 針織 7 段單鬆緊針（反覆 1 下針、1 上針），最後收針結尾。

另一邊袖子

另一邊的袖子也用同樣的方式編織。

領口挑針

使用 4.5mm 針在領口的地方挑針。從後頸處（34 目）為起點，挑 7 針跳過 1 目、挑 7 針跳過 1 目、挑 7 針跳過 1 目、挑 7 針跳過 1 目、挑 2 針。接著，在拉格倫線（2 目）和袖子（6 目）的地方各挑 1 針。V 領的部分請參照右頁圖挑半針。V 領的中心位置必須挑 1 針。挑好所有的針之後，就套上起始記號圈。

TIP
此處使用的「標示圈」不是套在針上的記號圈，而是迴紋針形的標示圈，用來套在 V 字針目上，以此明顯標示出中心位置。

第 2 段織單鬆緊針（反覆 1 下針、1 上針），但到了 V 領中心針目處應對齊織下針。請在 V 領中心針目上套標示圈。

（挑針數可能會因人而異，所以請自行照著規則對齊，並於中心針目上織下針。就算織單鬆緊針時有錯位的情形，但最後部分也請照著規則對齊。）

接下來 3 段也織單鬆緊針，但在 V 領中心位置織中上三併針。

中上三併針（減針）的織法：單鬆緊針織到中心針目的前 1 目，接著一次將中心針目、前 1 目以下針方向滑針。下個針目織下針，再移動前 2 個滑針掛回第 3 目上。

織好共 5 段的 V 領部分，完成後收針。

收尾

使用毛線針整理剩餘的線。在處理袖子腋窩處的洞口時，先把線剪短，再使用毛線針穿進、穿出地做收合。

Info

尺寸 S（M）L（L 尺寸偏大。男生的平均尺寸為 S 和 M。）

模特兒試穿尺寸 男生 M、女生 M

尺寸表 胸寬 57（60）62cm、袖長（從頸部鬆緊編算起）67（69）71cm、
總衣長（從後頸鬆緊編算起）60（63）65cm

織片密度 10cm×10cm・5.5mm 輪針・15 針 26 段

針 5.5mm 可換頭輪針、4.5mm 可換頭輪針、40cm 連結繩、80cm 連結繩
（若是使用固定型輪針，應選長度為 80cm 的連結繩。）

線材 Penguin・304 綠色（Green）・50g・7（8）9 球；
或是 phil merinos 6・135932 白色（White）・50g・11（13）14 球

這件是男女都能穿的毛衣，袖子上的紋樣為一大特色。不同於不分前後的基本型拉格倫毛衣，此款設計是把前頸部分織成圓狀，並補足基本型拉格倫毛衣穿上後背後較短的缺點。

起針

TIP
以平編開始，而非環編，但從第 13 段開始緊接著織環編。

以 5.5mm 輪針起 54（56）62 針的基本針。並請看下方記號圈的劃分來起針和套記號圈。

1／2／10（10）12／2／24（26）28／2／10（10）12／2／1

這裡的「／」代表記號圈，是用來劃分後續需加針的位置。

基本針上，有 2 目的拉格倫線、10（10）12 目的兩側袖子，24（26）28 目則是後頸的部分。而前頸的部分則會在後面利用捲加針來編織。

在起針的過程中套記號圈的樣子

前頸之定型 part1

TIP
織好捲加針後，把捲加針當作普通的針目來編織即可。捲加針要織在有針目的針上，而非空針上，再來，不需把織好的捲加針移到其他的針上，也不需單獨挑出來織。

第 1 段（上編）：全織上針。

第 2 段（下編）：1 捲加針、下針至記號圈、M1R、翻記號圈、2 下針、翻記號圈、M1L、10（10）12 下針、M1R、翻記號圈、2 下針、翻記號圈、M1L、24（26）28 下針、M1R、翻記號圈、2 下針、翻記號圈、M1L、10（10）12 下針、M1R、翻記號圈、2 下針、翻記號圈、M1L、1 下針、1 捲加針

第 3 段（上編）：全織上針。

第 4 段（下編）：1 捲加針、下針至記號圈、M1R、翻記號圈、2 下針、翻記號圈、M1L、12（12）14 下針、M1R、翻記號圈、2 下針、翻記號圈、M1L、26（28）30 下針、M1R、翻記號圈、 2 下針、翻記號圈、M1L、12（12）14 下針、M1R、翻記號圈、2 下針、翻記號圈、M1L、3 下針、1 捲加針

第 5 段（上編）：全織上針。

第 6 段（下編）：1 捲加針、下針至記號圈、M1R、翻記號圈、2 下針、翻記號圈、M1L、14（14）16 下針、M1R、翻記號圈、2 下針、翻記號圈、M1L、28（30）32 下針、M1R、翻記號圈、2 下針、翻記號圈、M1L、14（14）16 下針、M1R、翻記號圈、2 下針、翻記號圈、M1L、5 下針、1 捲加針

第 7 段（上編）：全織上針。

第 8 段（下編）：1 捲加針、下針至記號圈、M1R、翻記號圈、2 下針、翻記號圈、M1L、16（16）18 下針、M1R、翻記號圈、2 下針、翻記號圈、M1L、30（32）34 下針、M1R、翻記號圈、2 下針、翻記號圈、M1L、16（16）18 下針、M1R、翻記號圈、2 下針、翻記號圈、M1L、7 下針、1 捲加針

第 9 段（上編）：全織上針。

總針數為 94（96）102 目。

在編織下編時，皆以拉格倫線（翻記號圈、2 下針、翻記號圈）為基準點，使用 M1L 和 M1R 往拉格倫線的兩側加針，而記號圈之間的針目則單純織下針。在下編開始和結束的地方都需各織一次的捲加針。

前頸之定型 part2

TIP

之前都是正反翻來翻去、一段一段地編織，但從第 13 段開始要把針目集中在左針上，並穿入左針上的第一目，開始編織下針。在環編中起始記號圈就是標示段的基準。

第 10 段（下編）：2 捲加針、下針至記號圈、M1R、翻記號圈、2 下針、翻記號圈、M1L、18（18）20 下針、M1R、翻記號圈、2 下針、翻記號圈、M1L、32（34）36 下針、M1R、翻記號圈、2 下針、翻記號圈、M1L、18（18）20 下針、M1R、翻記號圈、2 下針、翻記號圈、M1L、9 下針、2 捲加針

第 11 段（上編）：全織上針。

第 12 段（下編）：2 捲加針、下針至記號圈、M1R、翻記號圈、2 下針、翻記號圈、M1L、20（20）22 下針、M1R、翻記號圈、2 下針、翻記號圈、M1L、34（36）38 下針、M1R、翻記號圈、2 下針、翻記號圈、M1L、20（20）22 下針、M1R、翻記號圈、2 下針、翻記號圈、M1L、12 下針、2 捲加針

第 13 段：不織上針，緊接第 12 段直接織 6（8）10 目捲加針，接著以「下針」的方式接續編織環編。從現在起下方圖示的記號圈就是「起始記號圈」。先織 15 目下針之後，直到回到起始記號圈，一整段都織下針。

總針數為 124（128）136 目。

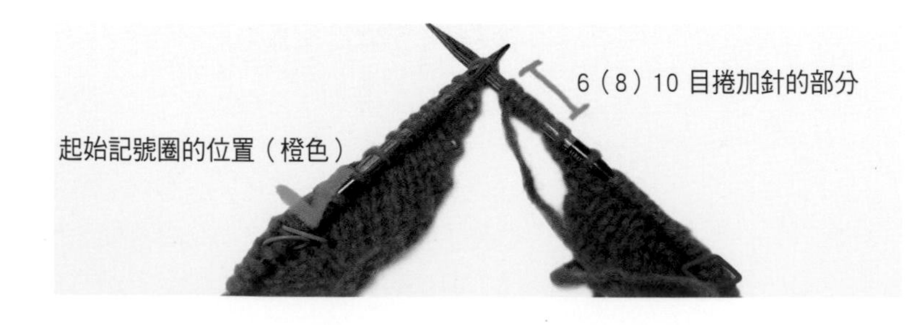

拉格倫加針 part1

TIP
以形成拉格倫線的「翻記號圈、2 下針、翻記號圈」為基準，只有兩側分別用 M1L 和 M1R 加針，其餘針目全織下針。在加針段上，每個袖子和身體部位都會各加 2 個針目，共加 8 個針目。一段加針後，下一段就不需加針，而是單純織下針。

不只袖子，身體部位也會加針到同針數。為了方便算針數，只會寫出針數較少的袖子部分。在記號圈中間的 2 目，之後會變成拉格倫線。總針數為 236（240）248 目。

下方照片中標示出的直線就是「拉格倫線」。在記號圈中間的 2 目，之後會變成拉格倫線。

第 14 段（加針段）：2 下針、翻記號圈、M1L、下針至下個記號圈、M1R、翻記號圈、2 下針、翻記號圈、M1L、下針至下個記號圈、M1R、翻記號圈、2 下針、翻記號圈、M1L、下針至下個記號圈、M1R、翻記號圈、2 下針、翻記號圈、M1L、下針至下個記號圈、M1R

第 15 段：下針

反覆第 14 段－第 15 段的編織，織到袖子部分的針數（拉格倫線之間的針目）達 50（50）52 個針目。最後一段不需加針，而是單純織下針，織到袖子部分的針數達 50（50）52 個針目即可。

拉格倫加針 part2

TIP
照著拉格倫加針 part1 的加針方法來編織，但再加一段的下針。

第 42 段：2 下針、翻記號圈、M1L、下針至下個記號圈、M1R、翻記號圈、2 下針、翻記號圈、M1L、下針至下個記號圈、M1R、翻記號圈、2 下針、翻記號圈、M1L、下針至下個記號圈、M1R、翻記號圈、2 下針、翻記號圈、M1L、下針至下個記號圈、M1R

第 43 段：下針

第 44 段：下針

反覆編織第 42 段－第 44 段 5（6）7 次。

最後袖子部分的針數會是 60（62）66 針。

完成加針後的總針數

S　2／60／2／74／60／2／74／，共 276 個針目

M　2／62／2／78／62／2／78／，共 288 個針目

L　2／66／2／82／66／2／82／，共 304 個針目

分袖

TIP
在捲加針之間套的記號圈是為了區分身體前片和後片的中間線而做的標示。

在 2 針拉格倫線中，1 針是袖子，1 針是身體部位。以拉格倫線為基準點來區分袖子和身體。

到了分袖階段，可以在編織的同時拔除所有記號圈。現在，在捲加針之間套的第一個記號圈就是起始記號圈。因為會從拉格倫線的兩側各拿 1 目，所以分袖時會多兩個針目。

1 下針、使用另外的連結繩移動 62（64）68 個針目（包含兩側各 1 目的拉格倫線）、5 捲加針、套記號圈（標示身體的中線、起始記號圈）、5 捲加針、76（80）84 下針、使用另外的連結繩或線移動 62（64）68 個針目（包含兩側各 1 目的拉格倫線）、5 捲加針、套記號圈（標示身體的中線）、5 捲加針、75（79）83 下針。

現在針上的總針數為 172（180）188 目。

身體 part1

TIP
編織 19（21）23cm 等於 49（54）60 段。計算時用段數或 cm 來算都可以。

在 172（180）188 目上織下針，織到從捲加針算起，總長達 19（21）23cm 為止。

身體 part2

TIP
簡單來說，減針段就是在記號圈兩側的地方一次織 2 目，每次都減 1 目。織好減針段後，接著織 10 段下針，再 1 段減針段，再織 10 段下針，如此反覆操作。
若想加長衣長，那可以再反覆一次，或者再多織幾段下針。若想縮短衣長，則在織最後一次 10 段下針時依喜好減少段數。

織好 19（21）23cm 後，照著以下步驟來為身體部分減針。（也可以不減針，直接織到想要的長度。）

減針段：翻起始記號圈、一次織 2 目下針、下針至下個記號圈前 2 目、一次織 2 目下針、翻記號圈、一次織 2 目下針、下針至下個記號圈前 2 目、一次織 2 目下針

10 段上針

反覆 4 次〔減針段、10 段下針〕。

身體鬆緊段

用 4.5mm 針，織 15 段單鬆緊針（反覆 1 下針、1 上針），完成後收針結尾。

開始編織袖子，沒紋路的基本袖子

把套在另外的線或連結繩上的 62（64）68 個針目套回 5.5mm 針上。

在捲加針的地方挑 5 針後套起始記號圈，在捲加針的地方再挑 5 針後，開始持續織下針，直到回到起始記號圈為止。現在袖子總共有 72（74）78 個針目。

袖子減針

減針段：一次織 2 目下針、1 下針（織至起始記號圈前 2 目）、一次織 2 目下針

反覆 8 次〔減針段、3 段下針〕

反覆 10 次〔減針段、6 段下針〕

再織 5（8）10 段下針

袖子鬆緊段

TIP
收針時不要收太緊，穿脫時會比較方便。

用 4.5mm 針，織 17 段單鬆緊針（反覆 1 下針、1 上針），完成後收針結尾。

另一邊袖子加入紋路

另一邊袖子的減針規則也是一樣的。

袖子紋路要反覆 4 次〔4 段上針、2 段下針〕的操作。加入紋路和減針，兩者要同時進行。

開頭的作法和前面袖子是一樣的。

把移動到另外的線或連結繩上的 62（64）68 個針目，套回 5.5mm 針上。

在捲加針的地方挑 5 針後套起始記號圈，在捲加針的地方再挑 5 針後開始織下針，直到回到起始記號圈為止。現在袖子總共有 72（74）78 個針目。

從下一段開始要織上針，由於要按照前面袖子的規則減針，所以在織上針時，也同樣用一次織 2 目上針的方式來減針。

所有步驟如下。用綠色標示的上針部分就是紋路的地方。

一次織 2 目上針、1 上針（織至起始記號圈前 2 目）、一次織 2 目上針

上針

上針

上針

一次織 2 目下針、1 下針（織至起始記號圈前 2 目）、一次織 2 目下針

下針

上針

上針

一次織 2 目上針、1 上針（織至起始記號圈前 2 目）、一次織 2 目上針

上針

下針

下針

一次織 2 目上針、1 上針（織至起始記號圈前 2 目）、一次織 2 目上針

上針

上針

上針

一次織 2 目下針、1 下針（織至起始記號圈前 2 目）、一次織 2 目下針

下針

上針

上針

一次織 2 目上針、1 上針（織至起始記號圈前 2 目）、一次織 2 目上針

上針

下針

下針

完成袖子上的紋路。

現在再反覆 2 次〔減針段、3 段下針〕。

接下來和另一邊袖子一樣要反覆 10 次〔減針段、6 段下針〕。

接下來再織 5（8）10 段下針。

袖子鬆緊段

用 4.5mm 針，織 17 段單鬆緊針（反覆 1 下針、1 上針 ），完成後收針結尾。

領口挑針

使用 4.5mm 輪針在領口的地方挑 76（80）88 針。前頸、後頸各挑 24（26）28 針，拉格倫線各挑 2 針，袖子各挑 10（10）12 針。

挑針後織 7 段單鬆緊針，然後收針。一定要用毛線針織單鬆緊針收縫，這樣頭部才能套得過去。

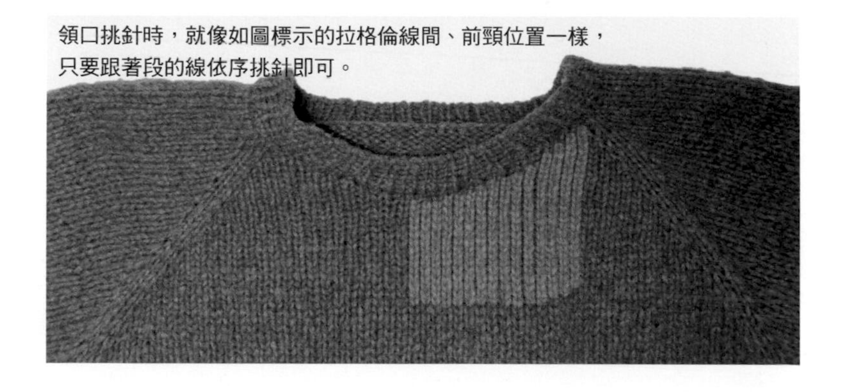

領口挑針時，就像如圖標示的拉格倫線間、前頸位置一樣，
只要跟著段的線依序挑針即可。

收尾

使用毛線針整理剩餘的線。分袖部分的洞口則用稍短的線，使用毛線針穿進、穿出地做收合。

漸層色駝毛條紋毛衣

Alpaca Stripe Sweater

Info

尺寸 FREE

胸圍 98cm

衣長 51cm（從後頸鬆緊編下方算起的長度）

織片密度 10cm×10cm・4mm 輪針・平針紋・20.5 針 28 段

針 4.5mm 可換頭輪針、4mm 可換頭輪針、40cm 連結繩、80cm 連結繩

線材 King Cole Natural Alpaca・50g・沙色（Sand）（1 球）、焦糖色（Caramel）（1 球）、太妃糖色（Toffee）（1 球）、巧克力色（Chocolate）（1 球）、乳白色（Cream）（1 球）、鉑灰色（Platinum）（1 球）、石板灰（Slate）（1 球）、木炭色（Charcoal）（2 球），共 9 球

這是一件帶有自然漸層條紋的圓育克毛衣，其中保留天然駝毛、未經染色的毛色。以基本圓育克版型為基礎，再用顏色搭配作點綴，讓簡單的款式變得更有亮點。

* 顏色的順序為沙色（Sand）1 球、焦糖色（Caramel）1 球、太妃糖色（Toffee）1 球、巧克力色（Chocolate）1 球、乳白色（Cream）1 球、鉑灰色（Platinum）1 球、石板灰（Slate）1 球、木炭色（Charcoal）2 球。

* 從巧克力色（Chocolate）開始，可以將一球的線材分成 30g（身體）、10g（袖子）、10g（袖子），這樣在編織時會比較方便。

* 沙色（Sand）和焦糖色（Caramel）線不需要做分配。

頸部

4mm 輪針接上 40cm 連結繩後，環狀起針，起 76 針。

套記號圈、織 8cm 單鬆緊針（反覆 1 下針、1 上針）。

換成 4.5mm 的針，織一段下針。

TIP
起好針後，右手抓著有餘線的針，在左針（起的第一針）上織下針，開始編織環編。起始記號圈的位置時，就代表完成了一段編織。不需拔除記號圈，翻記號圈後續編即可。

肩膀加針 part 1

現在要開始操作肩膀加針。織完一個顏色（1 球毛線），就換下一個顏色的線。換線的時機點可以依照喜好調整。

整段反覆操作〔2 下針、M1L〕

現在針上有 114 個針目。請確認針數是否正確。

持續編織下針，直到從頸部鬆緊段下方算起，總長達 5.5cm。

TIP
欲換不同色線來操作時，要像是把兩條線連起來一樣繫在一起，或者是從舊線結束的下一針開始，挑針換上新線，並且編織完整的一段，當回到新線後開始織的針目時，在針目下方會掛著 V 字紋之兩隻腳，將其中的右腳拉出來，套到左針上並一次織 2 目。

肩膀加針 part 2

整段反覆操作〔2 下針、M1L〕

現在針上有 171 個針目。請確認針數是否正確。

持續編織下針，直到從頸部鬆緊段下方算起，總長度達 11cm。

肩膀加針 part 3

整段反覆操作〔3 下針、M1L〕

現在針上有 228 個針目。請確認針數是否正確。

可更換成 80cm 連結繩。

持續編織下針，直到從頸部鬆緊段下方算起，總長達 16.5cm。

肩膀加針 part 4

整段反覆操作〔4 下針、M1L〕

現在針上有 285 個針目。請確認針數是否正確。

持續編織下針，直到從頸部鬆緊段下方算起，總長度達 22cm。

圓育克的部分到這裡結束。

分袖

分袖時，需另準備連結繩和針套，或是零碎的線和毛線針。將袖子的針目移到連結繩或是零碎的線上後會暫休針，先織完身體的部分。現在要進行的是移動袖子針目以及分袖。

開始分袖。先移動 58 個針目到線上後暫休針（袖子部分），織 12 目捲加針。完成捲加針後，織 85 目下針（身體部分）。再次移動 58 個針目到線上後暫休針（袖子部分），織 12 目捲加針。完成捲加針後，織 84 目下針（身體部分）。

現在回到起始記號圈的位置了。現在針上的總針數為 193 目。請確認針數是否正確。

編織身體

TIP
身體鬆緊段就以起始記號圈為起點。

織片密度的段數可能不盡相同，若是無法計算織片密度，建議把一球線材分成身體 30g、袖子 10g、袖子 10g 後再編織。

編織下針，太妃糖色（Toffee）織 5 段、巧克力色（Chocolate）織 16 段、乳白色（Cream）織 16 段、鉑灰色（Platinum）織 16 段、石板灰（Slate）織 16 段。每個顏色都織好之後，剩餘的線先保留，會在之後織袖子時使用。

現在要開始編織衣服下襬的鬆緊段。原本身體部位的針數是奇數。開始織單鬆緊針之前，要用「一次織 2 目下針」的方式減 1 針，讓針數變成偶數，再接著織單鬆緊針。換成 4mm 針、使用木炭色（Charcoal）線，織 6cm 單鬆緊針（反覆 1 下針、1 上針）。織好後收針結尾。

編織袖子

取好線後，在身體部位之前織好的 12 目捲加針上挑 12 針。接著，把前面休針的 58 個針目套回針上並開始織下針。

織好下針後，套記號圈來標示袖子段的起始位置。現在針上有 70 個針目。

TIP
編織時，比起一一計算段數，建議把欲編織袖子的線分成兩等分，這樣只需把線統統織完即可。若是以段數編織，兩邊的餘線長度可能會不一致。

編織下針時需一邊更換色線，太妃糖色（Toffee）織 6 段、巧克力色（Chocolate）織 16 段、乳白色（Cream）織 16 段、鉑灰色（Platinum）織 16 段、石板灰（Slate）織 16 段、木炭色（Charcoal）織 27 段。

袖子減針、鬆緊段

把袖子織到需要的長度後，為了做出袖子的蓬鬆感，在織鬆緊段之前要先把針數減半。這裡的針數變少了，所以可以使用短輪針、雙頭棒針，或者用長輪針搭配魔法圈技法來編織。

在開始編織鬆緊段前，要先把針數減半。持續操作一次織 2 目下針，直到剩下最後 2 目。

然後更換成 4mm 針，織 4cm 單鬆緊針（反覆 1 下針、1 上針），完成後收針。袖子略鬆，手臂的地方才不會太緊。用毛線針織單鬆緊針收縫技法來收尾，更具有舒適的彈性。

另一邊的袖子也用同樣的方式編織。

收尾

使用毛線針整理剩餘的線，腋窩處的洞口則用穿好線的毛線針收合。領口部分要摺起來，從內側做鎖邊。

厚編織紋開襟衫

Phil Express Cardigan

Info

尺寸 FREE

胸圍 110cm

衣長 50cm

織片密度 10cm×10cm・12mm 輪針・起伏針・7 針 14 段

針 12mm 可換頭輪針、40cm 連結繩、120cm 連結繩

線材 Phil Express・113409 鋼青色（Steel Blue）・200g・7 球

這是一件用粗線快速編織而成的拉格倫式開襟衫，整體寬鬆而舒適。起伏針的紋路具有獨特的編織感，衣服邊緣則使用 i-cord 邊緣收針法做出俐落的側線。

由於是用粗線和粗針來編織，所以針目數量不多。開始編織前，可以先用細線和細針來練習，透過縮小版的完成品，先對編織方式有更全面的了解。

起針

TIP

織平編時，一段完成後要翻面、換手拿兩邊的針，並像織圍巾一樣來操作。

在這件衣服的編織過程中，若寫「依下針方向滑針」，請參考右圖 1-1 的方向，把針從針目後方穿過去後，不織針目直接移到另一支針上；若寫「依上針方向滑針」，請參考右圖 3 的方向，把針從針目前方穿過去後，不織針目直接移到另一支針上。

開襟衫織平編，不織環編。12mm 輪針接上 120cm 連結繩後，起 36 針的基本針。

第 1 段：依下針方向滑 1 針、7 下針（前片）、套記號圈、4 下針（袖子）、套記號圈、12 下針（後片）、套記號圈、4 下針（袖子）、套記號圈、6 下針、依上針方向滑 1 針、1 上針（前片）

＊ 開襟衫的兩側尾端要依照下方步驟，編織「i-cord 邊緣收針法」。

依下針方向穿入滑針。

滑針後，持續織下針。

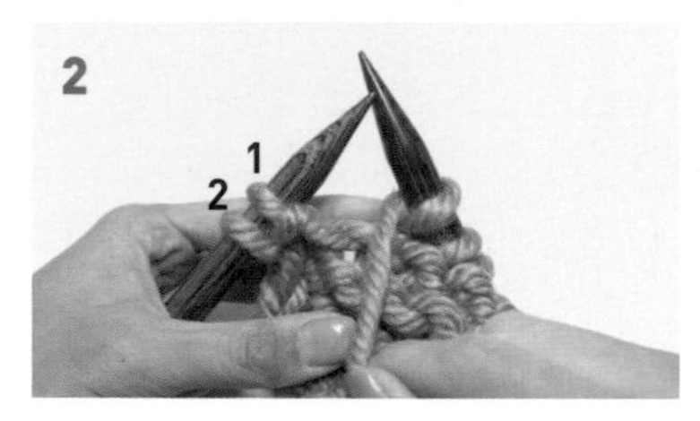

剩下 2 個針目時，把線拉到靠近自己的內側。

接著，第 1 目不織，把針穿入第 2 目，依上針方向滑針。

最後把線拉到靠近身體的內側之後，織 1 目上針，
即完成 i-cord 邊緣收針。

肩膀加針

TIP

每一段的開始與結束的規則為：第一針依下針方向織滑針，而最後兩個針目依上針方向滑針後織上針結束。（i-cord 邊緣收針法）

加針段的規則為：在記號圈兩側的針目上織 kfb。記號圈共有 4 個，所以每段會增加 8 個針目。

從第 4 段開始，反覆〔兩段不加針、一個加針段〕，直到針數達 18／24／32／24／18 目為止。

第 2 段：依下針方向織 1 目滑針、下針至剩 2 目、依上針方向織 1 目滑針、織 1 目上針

第 3 段（加針段）：依下針方向織 1 目滑針、下針至記號圈的前 1 目、kfb、翻記號圈、kfb、下針至記號圈的前 1 目、kfb、翻記號圈、kfb、下針至記號圈的前 1 目、kfb、翻記號圈、kfb、下針至記號圈的前 1 目、kfb、翻記號圈、kfb、下針至剩 2 目、依上針方向織 1 目滑針、織 1 目上針

第 4 段：依下針方向織 1 目滑針、下針至剩 2 目、依上針方向織 1 目滑針、織 1 目上針

第 5 段：依下針方向織 1 目滑針、下針至剩 2 目、依上針方向織 1 目滑針、織 1 目上針

第 6 段（加針段）：依下針方向織 1 目滑針、下針至記號圈的前 1 目、kfb、翻記號圈、kfb、下針至記號圈的前 1 目、kfb、翻記號圈、kfb、下針至記號圈的前 1 目、kfb、翻記號圈、kfb、下針至記號圈的前 1 目、kfb、翻記號圈、kfb、下針至剩 2 目、依上針方向織 1 目滑針、織 1 目上針

請反覆操作第 4 段－第 6 段，直到兩個前片針數各為 18 目、袖子針數各為 24 目、後片針數為 32 目。

現在有 18／24／32／24／18 個針目，總針數為 116 目。

接下來不加針、織 5 段下針。這裡也適用同樣的規則，第 1 目要依下針方向滑針，然後持續織下針，而在剩 2 目時要依上針方向滑針後織上針。

分袖

分袖時，需另準備連結繩和針套，或是零碎的線和毛線針。將袖子的針目移到連結繩或是零碎的線上後會暫休針，先織完身體的部分。現在要進行的是移動袖子針目以及分袖，可以拔除所有的記號圈。

開始分袖。第 1 目依下針方向滑針、織下針至記號圈。拔除記號圈，移動到下個記號圈之前的針目（24 目，袖子部分），再拔除記號圈，織 4 目捲加針。之後，織下針（32 目）至下個記號圈（後片部分）。再次拔除記號圈，移動到下個記號圈之前的針目（24 目，袖子部分），再拔除記號圈，織 4 目捲加針。之後，織下針至剩 2 目，再來依上針方向織 1 目滑針，並織 1 目上針。

現在針上的總針數為 76 目。請確認針數是否正確。掛在針上的針目會變成身體部分。

編織身體

持續編織下針，直到從捲加針的部分算起，總長達 28cm 為止，最後收針結尾。這裡也使用 i-cord 邊緣收針法，第 1 目要依下針方向滑針，而在剩 2 目時要依上針方向滑針後織上針。

可以一邊試穿一邊織到所需長度。

編織袖子

TIP
袖子用環編來織。

回到前面休針的 24 個針目，套回接在 40cm 連結繩的 12mm 針上，在 4 目捲加針上挑 4 針，之後套上記號圈。請參考右頁圖，將掛在針上的針目編織下針或上針。回到起始記號圈前的捲加針部分時，若前面是織下針就織下針，若前面是織上針就織上針。

必須看清楚掛在針下方的針目，再判斷是該織下針還是上針。這兩者有細微的差異，請務必仔細觀察之後再編織。

若掛在左針上的針目正下方呈緊貼著的一字型，那麼直到回到起始記號圈為止，都要織下針。接著下一段全織上針，再下一段全織下針，如此交替編織。

觀察針目形狀時務必拉下來看仔細。以針目正下方緊貼著一字型的狀況來說，拉下來看時，一字型的部分會更貼向針，那下面還會有很明顯的 V 字。

若掛在左針上的針目正下方可看到 V 字型，那麼直到回到起始記號圈為止，都要織上針。接著下一段全織下針，再下一段全織上針，如此交替著編織。

把針目下方部分拉下來仔細看時，會看到一字型上方有個像藏起來的 V 字一樣的小縫隙。可能會跟一字型的部分貼向針的狀況搞混，但只要不是一字型確實地緊貼的第一種狀況，那就算是第二種情況。

假如織到相反的織法，紋路從下一段開始就會立刻變形。請務必參考圖來織出正確的紋路。

為什麼紋路不同呢？

起伏針的前後呈現同樣的紋路，跟平針是不同的，所以要在哪個面上編織會因人而異。因此，要好好觀察紋路的構造，也要好好了解保持同樣紋路的方法。環編和平編的紋路，兩者構造不同。在織平編時，只要織下針就能織出起伏紋路（水波紋路），不過在環編裡，得要織一段下針、一段上針，如此交替編織，才能織出起伏紋路。請以起始記號圈為基準點，一段一段地交替編織。

袖子部分技續一段下針、一段上針地交替編織，並織環編，直到從手臂下方（捲加針的部分）算起，總長度達 28cm，最後再收針結尾。

另一邊的袖子也用同樣的方式編織。

收尾

整理剩餘的線，腋窩處的洞口則用穿好線的毛線針收合。

Info

尺寸 FREE

胸圍 120cm

衣長 55cm

織片密度 10cm×10cm・8mm 輪針・平針・13 針 17 段

針 6mm 可換頭輪針、8mm 可換頭輪針、40cm 連結繩、80cm 連結繩

線材 Lobby Kid Mohair・25g・296 灰色（Gray）6 球、999 藍色（Blue）2 球、865 海藍色（Blue Aqua）2 球

這是一件先只織後片，再挑針織前片，並以筒狀編織完成的開襟衫。原本是分開編織再接起來，但這裡換成了用 Top-down 技巧，所以又稱為「直線 Top-down 編織法」。此針織衫可展現馬海毛特色，並帶有輕盈的編織感，實際重量也輕，非常適合在換季的時候穿。

預覽完整製作過程

* 此為簡化的圖示以供參考。

1 先織後片。

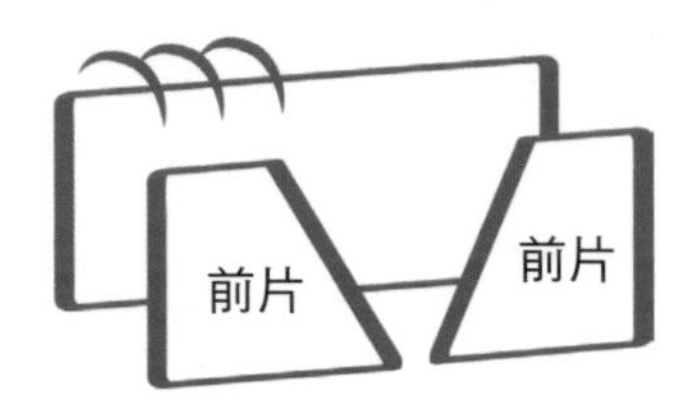

2 挑起後片上的針目，編織兩側的前片。

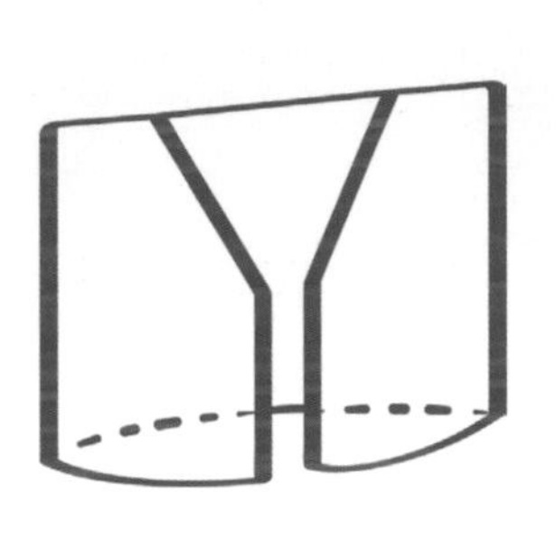

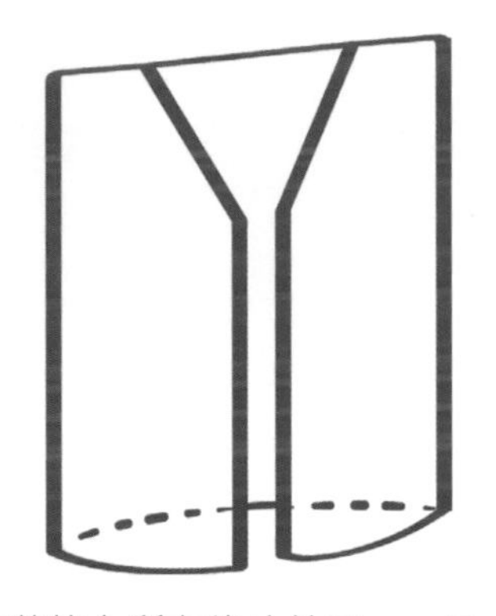

3,4 編織好前片之後，對齊後片長度，接著接上所有後片針目，一口氣用平編往下編織，織到開襟衫的長度。

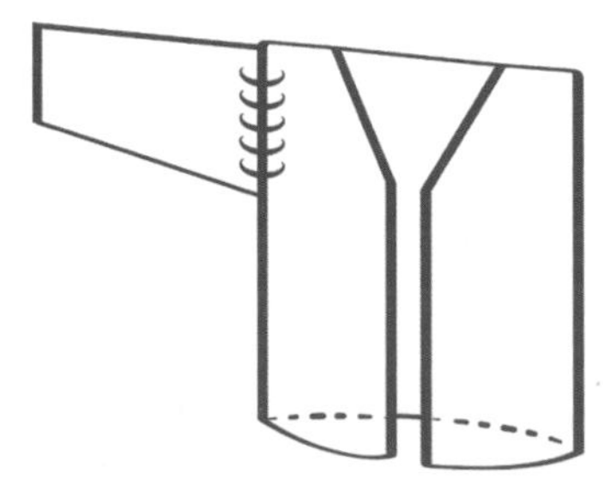

5 袖子則在側邊挑針，用環編的方式編織。

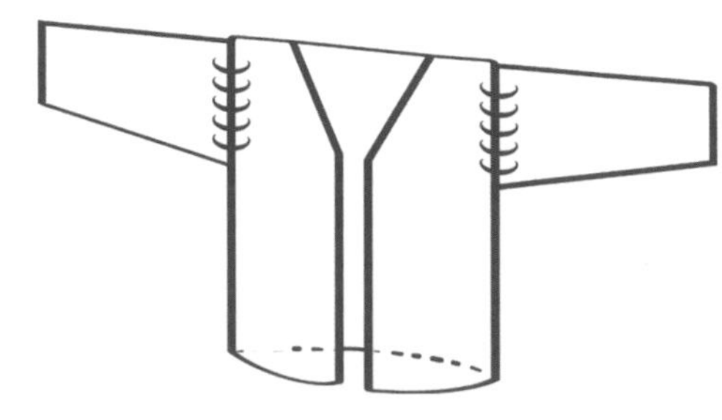

6 完成。

身體後片

全部都要用 3 股的灰色線材來編織。可以把其中的 3 球線，一股一股抽出來使用；或者是在 1 球線的正、反兩面上抽線，做成 2 股的線，另 1 球線則只需抽 1 股出來，如此合成 3 股來使用。

TIP
不織環編，織平編。

8mm 輪針接上 80cm 連結繩後，取 3 股線，起 70 針。

起針後，反覆〔1 段上針、1 段下針〕的操作，織到 31 段。織完，預留 10cm 長度的線後剪掉，到這裡先暫休針。（可以用針套套起來，或者另外把針目移至連結繩、線之類的地方。）

身體前片

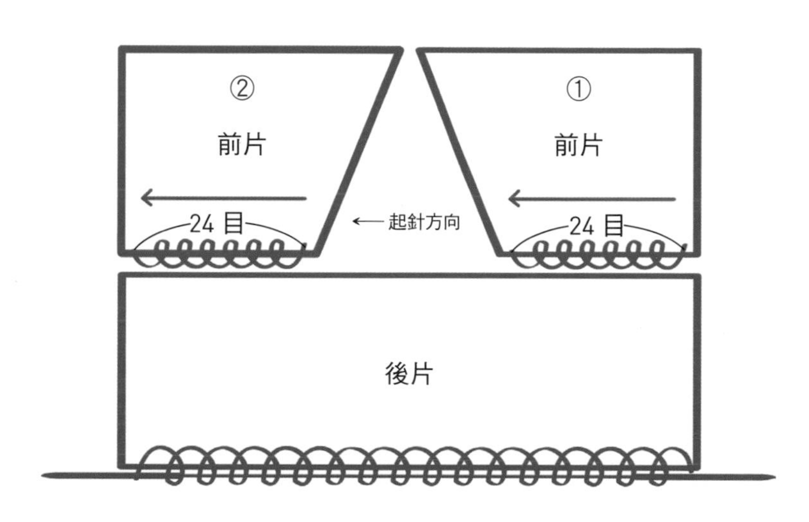

為了看清楚後片V字紋的部分，擺放時將起針部分朝上。

像圖①一樣，從右側邊緣開始挑 24 針。

第 1 段：上針（24 目）

第 2 段：下針至剩 2 目、M1L、2 下針（25 目）

第 3 段：上針（25 目）

第 4 段：下針（25 目）

第 5 段：上針（25 目）

第 6 段：下針至剩 2 目、M1L、2 下針（26 目）

第 7 段：上針（26 目）

第 8 段：下針（26 目）

第 9 段：上針（26 目）

第 10 段：下針至剩 2 目、M1L、2 下針（27 目）

～持續反覆第 7 段－第 10 段的操作

⋮

第 27 段：上針（31 目）

第 28 段：下針（31 目）

第 29 段：上針（31 目）

第 30 段：下針至剩 2 目、M1L、2 下針（32 目）

第 31 段：上針（32 目）

織完，預留 10cm 長度的線後剪掉，跟後片一樣到這裡暫休針。（可以用針套套起來，或者另外把針目移至連結繩、線之類的地方。也可以跟後片的針目套在一起。）

這次就像圖②一樣，從左邊算出 24 個針目，由內往外挑 24 針。

第 1 段：上針（24 目）

第 2 段：2 下針、M1R、其餘全下針（25 目）

第 3 段：上針（25 目）

第 4 段：下針（25 目）

第 5 段：上針（25 目）

第 6 段：2 下針、M1R、其餘全下針（26 目）

第 7 段：上針（26 目）

第 8 段：下針（26 目）

第 9 段：上針（26 目）

第 10 段：2 下針、M1R、其餘全下針（27 目）

～持續反覆第 7 段－第 10 段的操作

⋮

第 27 段：上針（31 目）

第 28 段：下針（31 目）

第 29 段：上針（31 目）

第 30 段：2 下針、M1R、其餘全下針（32 目）

第 31 段：上針（32 目）

織完，不需剪線。

現在前片的部分都結束了。請務必依前片②、後片、前片①的順序，把針目統統套在同一個針上合迸，並讓每一片紋路都朝同一面保持織物的平整。（將這三個部分統統套在針上後鋪平，一面的針目是全呈 V 字紋的正面，而另一面則是有起伏、凹凸不平的反面，若整片都相同就表示已經按同方向套好了。）

從以上針結束的前片②開始編織。編織時，不織環編，而是織平編，以正反翻面來接續操作。

TIP
請忽略後片預留的線，和①部分剪下來的線，直接編織下去即可。之後再一併處理。

第 32 段：前片②全下針、4 捲加針、後片全下針、4 捲加針、前片①全下針（142 目）

第 33 段：上針

第 34 段：2 下針、M1R、下針至剩 2 目、M1L、2 下針（144 目）

第 35 段：上針

第 36 段：下針

第 37 段：上針

第 38 段：2 下針、M1R、下針至剩 2 目、M1L、2 下針（146 目）

第 39 段：上針

第 40 段：下針

第 41 段：上針

第 42 段：2 下針、M1R、下針至剩 2 目、M1L、2 下針（148 目）

第 43 段：上針

前半部加針的部分結束。

現在要織 10 段平針（反覆 1 段下針、1 段上針），接著進入配色階段。配色過程中，要從新的一段開始編織新線時，舊線留 10cm 左右的長度再剪掉，接著直接用配色的新線來編織。

配色 1 5 段

配色 2 10 段

配色 1 5 段

（可以按照自己想要的配色來編織。）

完成後，再拿原本顏色的線來織 15 段。

然後更換成 6mm 針，織 10 段單鬆緊針（反覆 1 下針、1 上針），最後收針結尾。

編織袖子

用 8mm 針在捲加針的地方挑 4 針。現在起，在袖子部分要先操作段挑針後再編織。沿著段，〔一段挑 4 針、跳過一段，一段挑 4 針、跳過一段〕，如此反覆操作。邊緣會不合是正確的，直接跳過後在剩下該挑針的段上繼續挑針即可。有人會挑 54 針，有人則挑 55 針，差一兩個針目也沒關係，不需過於擔心。

完成段挑針後，套上起始記號圈後即開始編織袖子。袖子的部分，起針時用的是環編，所以只要全織下針即可。

主色　21 段

配色 1　5 段

配色 2 10 段

配色 1　5 段

換成 6mm 針，一次織 2 目下針直到此段結束為止。

接著織 14 段單鬆緊針（反覆 1 下針、1 上針），最後鬆鬆地在結尾收針。若是發生不符合單鬆緊針規則的情形，可以從鬆緊針的第一段開始，每段的最後 2 目都一次織 2 目，或者是只在邊緣的地方織 2 目上針。

另一邊的袖子也用同樣的方式編織。

收尾

整理剩餘的線，腋窩處的洞口則用穿好線的毛線針收合。

Info

尺寸 S（M）L

模特兒試穿尺寸 M

尺寸表 胸圍 97（104）112 cm，袖長（從頸部鬆緊編算起）79cm，
總衣長（從後頸鬆編編算起）72cm

織片密度 10cm×10cm・4mm 輪針・21 針 28 段

針 4mm 可換頭輪針、3.5mm 可換頭輪針、40cm 連結繩、80cm 連結繩
（若是使用固定型輪針，應選長度為 80cm 的連結繩。）

線材 Majestic・2669 木炭色（Charcoal）・50g・9（10）11 球

因肩膀形狀像是一個馬鞍（saddle），故又被稱為鞍形肩。這種版型能夠襯托男性剛直的身型，是很受大家喜歡的男款毛衣。這個構造很有趣，因為會另外劃分鞍形的部分，清楚區分出肩膀和袖子加針的位置，所以可以在加針的過程中逐漸看到線的生成。

一開始一邊編織，一邊在肩膀部分做加針。

* M1L（上針）作法參考第 36 頁／M1R（上針）作法參考第 37 頁

肩膀加針 part1

4mm 輪針接上 80cm 連結繩後，起 74（76）84 針。一開始不織環編，而是織平編，織好頸部後，才會接著織環編。

第 1 段（上編）：1 上針（前片）、套記號圈、18（18）20 上針（袖子）、套記號圈、36（38）42 上針（後片）、套記號圈、18（18）20 上針（袖子）、套記號圈、1 上針

第 2 段（下編）：1 捲加針、下針至記號圈、M1R、翻記號圈、18（18）20 下針（袖子）、翻記號圈、M1L、下針至記號圈、M1R、翻記號圈、18（18）20 下針（袖子）、翻記號圈、M1L、其餘針目全下針、1 捲加針

第 3 段（上編）：上針至記號圈、M1R（上針）、翻記號圈、18（18）20 上針（袖子）、翻記號圈、M1L（上針）、上針至記號圈、M1R（上針）、翻記號圈、18（18）20 上針（袖子）、翻記號圈、M1L（上針）、其餘針目全上針

反覆 8 次第 2 段－第 3 段編織，直到前片針數達 25（25）25 目、後片針數達 68（70）74 目。

S　25／18／68／18／25

M　25／18／70／18／25

L　25／20／74／20／25

目前為止各部分的針數。

下編和上編撇除所有袖子的部分，只在肩膀部分，也就是前片和後片的記號圈分界上，用 M1L／M1R 的方式來加針。為織出前頸部分，只在下編用捲加針的方式往兩側各加 1 針。織好捲加針後，只要把它們想成一般針目即可，不必移動它們到另一個針上或滑針，而是和一般針目一樣來編織即可。

肩膀加針 part2
(尺寸 S、M)

TIP
第 22 段同第 18 段、第 20 段編織，最後再「追加」編織：尺寸 S 織 6 目捲加針，尺寸 M 織 8 目捲加針。

(欲織 L 尺寸的人，請看 134 頁來編織，織 S 和 M 尺寸的人，織好下方織圖之後，直接跳到袖子加針的部分即可。)

第 18 段(下編)：2 捲加針、下針至記號圈、M1R、翻記號圈、18 下針(袖子)、翻記號圈、M1L、下針至記號圈、M1R、翻記號圈、18 下針(袖子)、翻記號圈、M1L、其餘針目全下針、2 捲加針

第 19 段(上編)：上針至記號圈、M1R(上針)、翻記號圈、18 上針(袖子)、翻記號圈、M1L(上針)、上針至記號圈、M1R(上針)、翻記號圈、18 上針(袖子)、翻記號圈、M1L(上針)、其餘針目全上針

第 20 段(下編)：2 捲加針、下針至記號圈、M1R、翻記號圈、18 下針(袖子)、翻記號圈、M1L、下針至記號圈、M1R、翻記號圈、18 下針(袖子)、翻記號圈、M1L、其餘針目全下針、2 捲加針

第 21 段(上編)：上針至記號圈、M1R(上針)、翻記號圈、18 上針(袖子)、翻記號圈、M1L(上針)、上針至記號圈、M1R(上針)、翻記號圈、18 上針(袖子)、翻記號圈、M1L(上針)、其餘針目全上針

第 22 段(下編)：2 捲加針、下針至記號圈、M1R、翻記號圈、18 下針(袖子)、翻記號圈、M1L、下針至記號圈、M1R、翻記號圈、18 下針(袖子)、翻記號圈、M1L、其餘針目全下針、2 捲加針、6(8) 捲加針(為接到前片的中間針目)

現在套上起始記號圈，接續以環編來編織。用右手拿織好捲加針的針，把左針針目集中起來，用右針穿入左針上的第 1 目並織下針，如此開始織環編。接下來只在肩膀部分做加針，尺寸 S 反覆 3 次加針段，尺寸 M 反覆 5 次加針段。

加針段：翻起始記號圈、下針至記號圈、M1R、翻記號圈、18 下針(袖子)、翻記號圈、M1L、下針至記號圈、M1R、翻記號圈、18 下針(袖子)、翻記號圈、M1L、下針至起始記號圈

加針段 S 織 3 段、M 織 5 段，織完後的針數如下。

S　84／18／84／18（起始記號圈在前片的 84 目裡）

M　90／18／90／18（起始記號圈在前片的 90 目裡）

肩膀加針 part2
（尺寸 L）

第 18 段（下編）：2 捲加針、下針至記號圈、M1R、翻記號圈、20 下針（袖子）、翻記號圈、M1L、下針至記號圈、M1R、翻記號圈、20 下針（袖子）、翻記號圈、M1L、其餘針目全下針、2 捲加針

第 19 段（上編）：上針至記號圈、M1R（上針）、翻記號圈、20 上針（袖子）、翻記號圈、M1L（上針）、上針至記號圈、M1R（上針）、翻記號圈、20 上針（袖子）、翻記號圈、M1L（上針）、其餘針目全上針

第 20 段（下編）：2 捲加針、下針至記號圈、M1R、翻記號圈、20 下針（袖子）、翻記號圈、M1L、下針至記號圈、M1R、翻記號圈、20 下針（袖子）、翻記號圈、M1L、其餘針目全下針、2 捲加針

第 21 段（上編）：上針至記號圈、M1R（上針）、翻記號圈、20 上針（袖子）、翻記號圈、M1L（上針）、上針至記號圈、M1R（上針）、翻記號圈、20 上針（袖子）、翻記號圈、M1L（上針）、其餘針目全上針

第 22 段（下編）：2 捲加針、下針至記號圈、M1R、翻記號圈、20 下針（袖子）、翻記號圈、M1L、下針至記號圈、M1R、翻記號圈、20 下針（袖子）、翻記號圈、M1L、其餘針目全下針、2 捲加針

第 23 段（上編）：上針至記號圈、M1R（上針）、翻記號圈、20 上針（袖子）、翻記號圈、M1L（上針）、上針至記號圈、M1R（上針）、翻記號圈、20 上針（袖子）、翻記號圈、M1L（上針）、其餘針目全上針

第 24 段（下編）：2 捲加針、下針至記號圈、M1R、翻記號圈、20 下針（袖子）、翻記號圈、M1L、下針至記號圈、M1R、翻記號圈、20 下針（袖子）、翻記號圈、M1L、其餘針目全下針、2 捲加針、8 捲加針（為接到前片的中間針目）

現在套上起始記號圈，接續以環編來編織。用右手拿織好捲加針的針，把左針針目集中起來，用右針穿入左針上的第 1 目並織下針，如此開始織環編。接下來只在肩膀部分做加針，尺寸 L 反覆 3 次下面 2 段。

加針段：翻起始記號圈、下針至記號圈、M1R、翻記號圈、20 下針（袖子）、翻記號圈、M1L、下針至記號圈、M1R、翻記號圈、20 下針（袖子）、翻記號圈、M1L、下針至起始記號圈

下一段：下針

反覆 3 次〔一段加針，一段不加針〕之後，各部分的針數分配如下。

L　94／20／94／20（起始記號圈在前片的 94 目裡）

肩膀部分的放大圖

袖子加針

接下來在維持 18（18）20 目的袖子部分上做加針。

加針段：翻起始記號圈、下針至記號圈、翻記號圈、M1L、下針至記號圈、M1R、翻記號圈、下針至記號圈、翻記號圈、M1L、下針至記號圈、M1R、翻記號圈、下針至起始記號圈

下一段：下針

反覆上述 2 段的操作，直到袖子針數達 52（52）54 目為止。最後會以不加針、全織下針的段來結束。

現在針上的總針數。

S　84／52／84／52／，共 272 個針目

M　90／52／90／52／，共 284 個針目

L　94／54／94／54／，共 296 個針目

拉格倫加針

現在，要在所有袖子和身體部分上的記號圈的兩側加針。

加針段：翻起始記號圈、下針至記號圈前 1 目、M1R、1 下針、翻記號圈、M1L、下針至記號圈、M1R、翻記號圈、1 下針、M1L、下針至記號圈前 1 目、M1R、1 下針、翻記號圈、M1L、下針至記號圈、M1R、翻記號圈、1 下針、M1L、上下至起始記號圈

下一段：下針

反覆 4（5）6 次上述 2 段操作。

現在前／後片有 92（100）106 個針目，袖子有 60（62）66 個針目。

分袖

TIP

在捲加針之間套的記號圈是為了區分身體前片和後片的中間線而做的標示。

到了分袖階段，可以在編織的同時拔除所有記號圈。現在，在捲加針之間套的第一個記號圈就是起始記號圈。

（現在開始一邊拔除所有記號圈）從起始記號圈織下針至下一個記號圈、使用另外的線和毛線針或連結繩移動 60（62）66 個針目、織 5（5）6 目捲加針、套記號圈（標示身體的中線、起始記號圈）、織 5（5）6 目捲加針、92（100）106 目下針、使用另外的線和毛線針或連結繩移動 60（62）66 個針目、織 5（5）6 目捲加針、套記號圈（標示身體的中線）、織 5（5）6 目捲加針、下針至起始記號圈

現在針上的總針數為 204（220）236 目。

編織身體

持續編織下針，直到從捲加針部分到整個身體，總長達 38cm。

若想要調整衣長，可以在這部分加減幾段。

身體鬆緊段

換成 3.5mm 針，反覆操作〔15（18）18 下針、一次織 2 目下針〕，直到此段結束為止。（尺寸 L 會不合規則，織完 16 目下針就結束，但不影響整體形狀。）接著，織 6cm 單鬆緊針（反覆 1 下針、1 上針），最後收針結尾。

編織袖子

把套在另外的線或連結繩上的 60(62)66 個針目套回 4mm 針上。

在捲加針的地方挑 5(5)6 針後套起始記號圈，在另一個捲加針的地方挑 5(5)6 針後開始持續編織下針，直到回到起始記號圈。現在袖子總共有 70(72)78 個針目。

TIP
關於袖子的長度，可以在織第 6 次 20 段下針時調整長短。

織袖子時，要緩慢且一點一點地減針。

反覆 6 次〔20 段下針、1 段減針段〕的編織。

減針段：翻起始記號圈、一次織 2 目下針、1 下針（織至剩下 2 目）、一次織 2 目下針

反覆 6 次之後，再換成 3.5mm 針，織 1 段下針。

袖子鬆緊段

TIP
收針時稍微鬆垮一些，這樣穿脫才會比較方便。

用 3.5mm 針織 17 段單鬆緊針（反覆 1 下針、1 上針）後，收針結尾。

領口挑針

使用 3.5mm 針在領口的地方挑 108（112）124 針。這當中沿著前頸／後頸的部分各挑 36（38）42 針、兩邊袖子的部分各挑 18（18）20 針。

織 9 段單鬆緊針（反覆 1 下針、1 上針）後收針。務必用毛線針織單鬆緊針收縫，這樣頭才能套進衣服裡。

在領口挑針時，如上圖標示，照著段的線條來挑針。

收尾

使用毛線針整理剩餘的線。在處理分袖部分的洞口時，先把線剪短後，使用毛線針穿進、穿出地做收合。

澎袖手織漁夫毛衣

Phil Light Fisherman Top-down Sweater

Info

尺寸 XS（S）M（L）XL

模特兒試穿尺寸 L

胸圍 96（98）100（102）110 cm

衣長 44（44）44（46）48 cm（從後頸鬆緊編上方算起的長度）

織片密度 10cm×10cm・6mm 輪針・英式羅紋針・11 針 13 段

針 6mm 可換頭輪針、5mm 可換頭輪針、40cm 連結繩、80cm 連結繩

線材 Phil Light・209900 維洛尼塞綠（Veronese）・50g・6（6）6（6）8 球，用兩股來編織

這件具有獨特紋路的毛衣是使用英式羅紋針法編織而成。就像是將鞍形肩和拉格倫加針法合併般編織肩膀的加針。英式羅紋的上、下行紋路是不一樣的，加針方式也跟以往的不同，所以剛開始編織時可能會很不熟練，但只要掌握整體 Top-down 的構造，就沒那麼難。此件毛衣的特色為具有獨特的厚實編織感。

頸部起始段

英式羅紋針法的示範

整件皆使用兩股的 Phil Light 毛線來編織。建議先將線材較表面的部分解開，分別從兩球線材上抓出一股後編織。

6mm 輪針接上 40cm 連結繩後，環狀起針，起 68（72）72（76）76 針。在起針的同時，請看著下方的針目分類來套記號圈。

起 5 針（拉格倫）、套 1 號記號圈、起 7 針（袖子）、套 2 號記號圈、起 5 針（拉格倫）、套 3 號記號圈、起 17（19）19（21）21 針（前片）、套 4 號記號圈、起 5 針（拉格倫）、套 5 號記號圈、起 7 針（袖子）、套 6 號記號圈、起 5 針（拉格倫）、套 7 號記號圈、起 17（19）19（21）21 針（後片）、套 8 號記號圈

第 1 段：反覆〔1 上針、1 下針〕

下一段：反覆〔1 上針、k1b〕
（k1b：從下針針目下方 V 字中間的洞穿入後織下針，參考影片 0：37-1：43）

下一段：反覆〔p1b、1 下針〕
（p1b：從上針針目下方兩條線中間的洞穿入後織上針，參考影片 2：05-3：23）

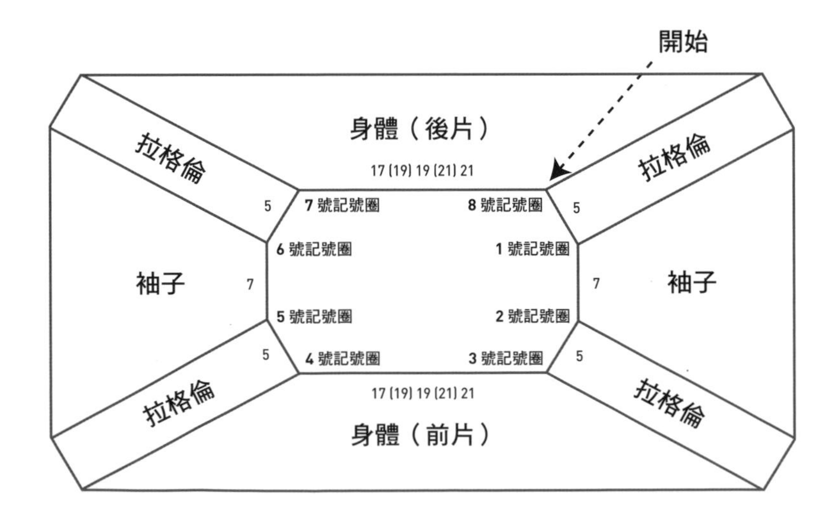

頸部加針

TIP
頸部的加針只在前片和後片兩側最外邊的針目上做加針。

TIP
英式羅紋加針操作英式羅紋加針時，織一次就會出現3針，也就是增加 2 個針目的意思。把針從針目下方 V 字中間穿入後，就像織下針一樣操作，然後將線逆時鐘繞一圈在針上，再把針穿進剛剛穿入的洞裡，然後織下針，把線一起帶出來。這時針上共有 3 個針目。（參考影片 7:13-7:43）

完成頸部起始段之後，反覆 5（5）5（5）6 次下方 2 段的編織。

加針段（k1b 段）：反覆〔1 上針、k1b〕至 3 號記號圈的前 1 目、1 上針、翻 3 號記號圈、英式羅紋加針、反覆〔1 上針、k1b〕至 4 號記號圈的前 2 目、1 上針、英式羅紋加針、翻 4 號記號圈、反覆〔1 上針、k1b〕至 7 號記號圈的前 1 目、1 上針、翻 7 號記號圈、英式羅紋加針、反覆〔1 上針、k1b〕至 8 號記號圈的前 2 目、1 上針、英式羅紋加針

下一段（p1b 段）：反覆〔p1b、1 下針〕（因加針而形成的 3 個針目，用基本下針、上針、下針來編織。）

完成編織後的總針數：

XS　5／7／5／37／5／7／5／37／，共 108 個針目
S　5／7／5／39／5／7／5／39／，共 112 個針目
M　5／7／5／39／5／7／5／39／，共 112 個針目
L　5／7／5／41／5／7／5／41／，共 116 個針目
XL　5／7／5／45／5／7／5／45／，共 124 個針目

接著的下一段（也在袖子部分做加針）：反覆〔1 上針、k1b〕至 1 號記號圈的前 1 目、1 上針、翻 1 號記號圈、英式羅紋加針、反覆〔1 上針、k1b〕至 2 號記號圈的前 2 目、1 上針、英式羅紋加針、翻 2 號記號圈、反覆〔1 上針、k1b〕至 3 號記號圈的前 1 目、1 上針、翻 3 號記號圈、英式羅紋加針、反覆〔1 上針、k1b〕至 4 號記號圈的前 2 目、1 上針、英式羅紋加針、翻 4 號記號圈、反覆〔1 上針、k1b〕至 5 號記號圈的前 1 目、1 上針、翻 5 號記號圈、英式羅紋加針、反覆〔1 上針、k1b〕至 6 號記號圈的前 2 目、1 上針、英式羅紋加針、翻 6 號記號圈、反覆〔1 上針、k1b〕至 7 號記號圈的前 1 目、1 上針、翻 7 號記號圈、英式羅紋加針、反覆〔1 上針、k1b〕至 8 號記號圈的前 2 目、1 上針、英式羅紋加針

再下一段（p1b 段）：反覆〔p1b、1 下針〕（因加針而形成的 3 個針目，用基本下針、上針、下針來編織。）

從現在起不加針，反覆 6 次下方 2 段的操作。完成之後，就會呈現出 6 行由兩股形成的 V 字。

k1b 段：反覆〔1 上針、k1b〕

p1b 段：反覆〔p1b、1 下針〕

袖子加針

TIP
此階段只在袖子的部分加針。

尺寸 XS、S：頸部加針結束後，下方 6 段重複 4 次。

加針段（k1b 段）：反覆〔1 上針、k1b〕至 1 號記號圈的前 1 目、1 上針、翻 1 號記號圈、英式羅紋加針、反覆〔1 上針、k1b〕至 2 號記號圈的前 2 目、1 上針、英式羅紋加針、翻 2 號記號圈、反覆〔1 上針、k1b〕至 5 號記號圈的前 1 目、1 上針、翻 5 號記號圈、英式羅紋加針、反覆〔1 上針、k1b〕至 6 號記號圈的前 2 目、1 上針、英式羅紋加針、反覆〔1 上針、k1b〕至 8 號記號圈

下一段（p1b 段）：反覆〔p1b、1 下針〕（因加針而形成的 3 個針目，用基本下針、上針、下針來編織。）

下一段（k1b 段）：反覆〔1 上針、k1b〕
下一段（p1b 段）：反覆〔p1b、1 下針〕
下一段（k1b 段）：反覆〔1 上針、k1b〕
下一段（p1b 段）：反覆〔p1b、1 下針〕

尺寸 M、L、XL　頸部加針結束後，下方 8 段重複 4（5）5 次。

加針段（k1b 段）：反覆〔1 上針、k1b〕至 1 號記號圈的前 1 目、1 上針、翻 1 號記號圈、英式羅紋加針、反覆〔1 上針、k1b〕至 2 號記號圈的前 2 目、1 上針、英式羅紋加針、翻 2 號記號圈、反覆〔1 上針、k1b〕至 5 號記號圈的前 1 目、1 上針、翻 5 號記號圈、英式羅紋加針、反覆〔1 上針、k1b〕至 6 號記號圈的前 2 目、1 上針、英式羅紋加針、反覆〔1 上針、k1b〕至 8 號記號圈

下一段（p1b 段）：反覆〔p1b、1 下針〕（因加針而形成的 3 個針目，用基本下針、上針、下針來編織。）

下一段（k1b 段）：反覆〔1 上針、k1b〕
下一段（p1b 段）：反覆〔p1b、1 下針〕
下一段（k1b 段）：反覆〔1 上針、k1b〕
下一段（p1b 段）：反覆〔p1b、1 下針〕
下一段（k1b 段）：反覆〔1 上針、k1b〕
下一段（p1b 段）：反覆〔p1b、1 下針〕

完成反覆編織後的總針數：

XS　5／27／5／41／5／27／5／41／，共 158 個針目
S　5／27／5／43／5／27／5／43／，共 160 個針目
M　5／27／5／43／5／27／5／43／，共 160 個針目
L　5／31／5／45／5／31／5／45／，共 172 個針目
XL　5／31／5／49／5／31／5／49／，共 180 個針目

分袖

分袖時，需另準備連結繩和針套，或是零碎的線和毛線針。將袖子的針目移到連結繩或是零碎的線上後會暫休針，先織完身體的部分。現在要進行的是移動袖子針目以及分袖，可以拔除 8 號記號圈以外的所有記號圈。

織了〔1 上針、k1b〕之後，到 3 號記號圈前 2 目的針目統統移到另外的連結繩上後暫休針。織 5（5）7（7）7 目的捲加針、反覆〔k1b、1 上針〕至 5 號記號圈的前 3 目（最後一針為 k1b）。到 7 號記號圈前 2 目的針目統統移到另外的連結繩上後暫休針。織 5（5）7（7）7 目的捲加針、反覆〔k1b、1 上針〕至 8 號記號圈（最後一針為 k1b）。

現在 8 號記號圈就是身體部位的起始記號圈。身體部位的總針數為 100（104）108（112）120 目。

編織身體

持續反覆下方 2 段的編織，直到從手臂下方（捲加針的部分）算起，總長達 25（25）25（27）29cm，或者達到自己想要的長度。（遇到捲加針的部分時，請依上針、下針的順序來編織。）

p1b 段：反覆〔p1b、1 下針〕

k1b 段：反覆〔1 上針、k1b〕

織到自己想要的長度後，換成 5mm 針，織 6cm 單鬆緊針（反覆 1 下針、1 上針），最後在結尾鬆鬆地收針。（請在輪到要織 p1b 段時織單鬆緊針）

編織袖子

把前面暫休針的針目套回針上，取新的線，並在身體部分織好的 5（5）7（7）7 目捲加針上挑 5（5）7（7）7 針。完成挑針後，就套上記號圈來標示袖子段的起始位置。

現在針上有 38（38）40（44）44 個針目。

反覆下方 2 段的編織，直到從手臂下方（捲加針的部分）算起，總長達 36（38）38（40）42cm。（遇到捲加針的部分時，請依下針、上針的順序來編織。會不合身體部位的規則是正確的。）

k1b 段：反覆〔1 上針、k1b〕

p1b 段：反覆〔p1b、1 下針〕

袖子鬆緊段

現在把針換成 5mm 針，進行一次織 2 目下針的編織，直到此段結束為止。

織 6cm 單鬆緊針（反覆 1 下針、1 上針）。尺寸 XS、S 的針數為奇數，為了配合鬆緊針的規律，在織到剩 2 目時請一次織 2 目。（請在輪到要織 p1b 段時織單鬆緊針）

因線材本身缺乏彈性，若直接使用基本收針法來收尾，手就會無法穿過，因此請使用鬆垮袖口的收針方法。

將針換成 6mm 針，先織一個下針。在基本收針法（p29）裡，原則上，下針針目就用下針來織，上針針目就用上針來織，但在這裡必須加上把針旋轉的動作。

鬆垮袖口的
收針示範

【下針情形】把線往外側放，先把針以順時鐘方向轉一圈，然後織一針上針，再於第二針收針。

【上針情形】把線往靠近身體的內側放，先把針以逆時鐘方向轉一圈，然後織一針上針，再於第二針收針。

依照此原則操作收針即可，這樣就能織出有彈性的鬆垮袖口。

另一邊的袖子也用同樣的方式編織。

編織領口

使用 5mm 針，在領口的地方挑 68（72）72（76）76 針。織 8cm 單鬆緊針後，鬆垮地收針結尾，最後從內側做鎖邊。

收尾

整理剩餘的線，腋窩處的洞口則用穿好線的毛線針收合。

附錄

Info

線材 Phil Air Perou・1264 Lin・50g・1 球
針 7mm 可換頭輪針、40cm 連結繩、80cm 連結繩

編織帽子

用 7mm 針以環編起 72 針（6 個角各 12 個針目，每隔 12 針都套記號圈）。

第 1 段－第 6 段：6 段單鬆緊針〔反覆 1 下針、1 上針〕

第 7 段：下針

接下來，在第 8、10、12、14 段進行加針。

第 8 段－第 15 段

（偶數段）下針，在記號圈的兩側織 kfb

（奇數段）下針

到此段為止，現在每一個角有 20 個針目，共 120 個針目。

第 16 段－第 17 段：下針

從第 18 段開始進行減針。針數變少後，即使是用 40cm 連結繩也不方便編織，中間可以換成 80cm 連結繩並用魔法圈的方式來編織。也可以用雙頭棒針來編織。

第 18 段－第 27 段

（偶數段）下針，在記號圈前一次織 2 目下針

（奇數段）下針

從第 28 段起，不在奇數段織下針，而是每段反覆地於記號圈前做減針，直到剩下 6 目。

織到剩 6 目時，在帽頂部分織 4 段下針後，將線從針目之間藏針收尾。

Q&A

Top-down 編織法常見問答集

Q. 一定要使用同樣的線材嗎？

A. 可以使用其他的線材。但建議用織片密度不會差太多的類型。

Q. 使用什麼線材比較好？

A. 基本上冬天使用含羊毛（Wool）、駝毛（Alpaca）、羊絨（Cashmere）的動物纖維線材，而夏天則使用含棉（Cotton）、亞麻（Linen）的植物纖維線材。腈綸混紡材質雖堅挺，也便於清洗和管理，但缺點是易起毛球。每一種纖維都有著極大差異，所以最好先了解各式線材後再做選擇。

Q. 一定要準備可換頭輪針嗎？

A. 並不是一定要用可換頭輪針，但事實上用可換頭輪針是最方便的。若您很熟悉魔法圈織法，即使是用最便宜的輪針也能織得很好。但若是不太熟悉魔法圈織法，那就建議使用可換頭輪針，這樣織起來會相對簡單。對於編織的人來說，最重要的就是編織時的感覺，所以建議使用針的品質較佳的可換頭輪針。

Q. 一定要製作織片密度嗎？

A. 並不會因為沒有製作織片密度就無法編織，但如果沒有先確認織片密度，就直接照著織圖來編織，織出來的成品尺寸可能會和織圖所示不同。

Q. 要如何清洗呢？

A. 建議第一次清洗先乾洗。第二次以後，可以在溫水中倒入中性洗衣精，攪拌搓洗後，輕輕把水分擠出，並鋪在毛巾上，之後放到乾。

Q. 加針法中，有 kfb、M1L、M1R 等等方式，它們之間的差異是什麼？

A. 增加針目的方法有很多種，只是在成品形狀上有些微的差異。kfb 的加針，會產生一條橫線；M1L／M1R 的加針是在兩個針目之間加針，所以不會產生橫條線，而是會出現小的 V 字型。而這兩者有著加針方向的差異，所以需依方向來使用符合的加針法。在織圖上寫著 kfb 加針法的地方，織 M1L 或 M1R 加針法也沒有問題，可以使用自己喜歡的加針方式來編織。要是好奇織出的成品有什麼差別，那麼可以試著在同一個編織物上，兩邊使用不同的加針法來做確認。

Q. 要準備多少的線材？

A. 線材的量有許多該考慮的因素，例如欲織的衣服尺寸、長度、花樣和紋樣、針的大小等等變數，所以要明確指出需要幾球的線材是不可能的。一般而言，女裝需使用 400～500g，男裝則需使用 600～700g。不過，需要的重量也會隨不同線材而有所不同，所以很難說出準確的數字。舉例來說，使用馬海毛線材來編織時，即使女裝尺寸為 2XL，線材有 250g 就夠了。如果是第一次做，建議盡可能使用符合織圖上推薦的織片密度的線材，準備比建議用量稍多一些的量。

Q. Top-down 編織法也可以織背心嗎？

A. 可以織，但比起用 Top-down 來織背心，各個部位分開織之後再連起來反而更方便，成品也更漂亮，所以不會特地用 Top-down 來織。Top-down 編織法是從上往下一直織，所以會先同時織出袖子的上半部，然後去織身體部分，之後再接續織出完整袖子，因此，要織沒有袖子的背心時，得像織馬海毛開襟衫一樣，先分開織之後再合併。

Q. 用鉤針也可以織 Top-down 衣服嗎？

A. 鉤針也可以織，但很少使用鉤針來織。至於為什麼不用鉤針，其實是有很多原因的。鉤針和棒針不同，鉤針是把線捲起來、編成結後交織的方式來編織。因此，線的用量大，編織物也重。就算都用同一種線材來織，鉤針織的會比棒針織的更結實、沒那麼柔軟。但是穿在身上的衣服應該要輕盈又柔軟，所以更推薦用棒針。要是用鉤針織成同樣大小的衣服，就會因為編織時用了較多的線，導致重量較重，編織物也會太堅實而失去彈性。話雖如此，由於鉤針編織有其獨特花紋，所以鉤針 Top-down 編織法也相當有人氣。只要在 YouTube 上搜尋「crochet top-down」，就可以找到國外設計師們製作的各種作品。

台灣廣廈國際出版集團 Taiwan Mansion International Group

國家圖書館出版品預行編目（CIP）資料

一體成型！輪針編織入門書：20個基礎技巧×3種百搭款式，輕鬆編出「Top-down Knit」韓系簡約風上衣【附QR碼示範影片】/ 金寶謙著. -- 初版. -- 新北市：蘋果屋, 2022.09
面；　公分.
ISBN 978-626-96427-2-4（平裝）
1.CST: 編織 2.CST: 手工藝

426.4　　111013054

一體成型！輪針編織入門書

20個基礎技巧×3種百搭款式，輕鬆編出「Top-down Knit」韓系簡約風上衣【附QR碼示範影片】

作　者／金寶謙
譯　者／林大懇
編輯中心編輯長／張秀環・**編輯**／蔡沐晨
封面設計／何偉凱・**內頁排版**／菩薩蠻數位文化有限公司
製版・印刷・裝訂／東豪・弼聖・秉成

行企研發中心總監／陳冠蒨
媒體公關組／陳柔彣
綜合業務組／何欣穎
線上學習中心總監／陳冠蒨
產品企製組／黃雅鈴

發 行 人／江媛珍
法律顧問／第一國際法律事務所 余淑杏律師・北辰著作權事務所 蕭雄淋律師
出　版／蘋果屋
發　行／蘋果屋出版社有限公司
地址：新北市235中和區中山路二段359巷7號2樓
電話：（886）2-2225-5777・傳真：（886）2-2225-8052

代理印務・全球總經銷／知遠文化事業有限公司
地址：新北市222深坑區北深路三段155巷25號5樓
電話：（886）2-2664-8800・傳真：（886）2-2664-8801
郵政劃撥／劃撥帳號：18836722
劃撥戶名：知遠文化事業有限公司（※單次購書金額未達1000元，請另付70元郵資。）

■出版日期：2022年09月
ISBN：978-626-96427-2-4
■初版2刷：2023年11月